AF319981

DOCTEUR NESTOR GRÉHANT

Membre de l'Académie de Médecine
et de la Société de Biologie
Professeur de Physiologie générale au Muséum National d'Histoire Naturelle
Chevalier de la Légion d'Honneur

RAPPORT

SUR

L'ANKYLOSTOMIASE

LE GRISOU

L'OXYDE DE CARBONE

AVEC NEUF PLANCHES HORS TEXTE

PARIS

IMPRIMERIE G. JACQUES

14, RUE HAUTEFEUILLE, 14

1909

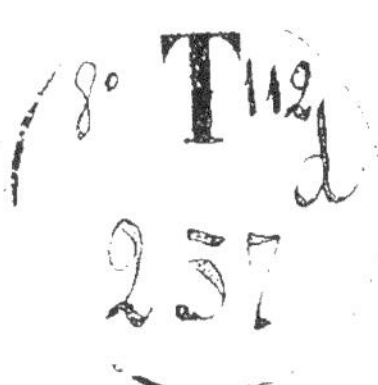
8° T 112
237

à Monsieur D'Auriac
Directeur de l'Administration
générale au Ministère de
l'Intérieur,

Hommage respectueux avec
mes compliments et mes
remerciements,
7 Juillet 1909   Dr N Gréhant

RAPPORT

DU

Docteur Nestor Gréhant

BIBLIOTHÈQUE NATIONALE · R.F. ·

8° Tᵐ 112
I d
257

DOCTEUR NESTOR GRÉHANT

Membre de l'Académie de Médecine
et de la Société de Biologie
Professeur de Physiologie générale au Muséum National d'Histoire Naturelle
Chevalier de la Légion d'Honneur

RAPPORT

SUR

L'ANKYLOSTOMIASE

LE GRISOU

L'OXYDE DE CARBONE

AVEC NEUF PLANCHES HORS TEXTE

PARIS

IMPRIMERIE G. JACQUES
14, RUE HAUTEFEUILLE, 14

1909

BIBLIOTHÈQUE NATIONALE
R.F.
IMPRIMÉS

A M. GASTON DOUMERGUE

Député du Gard

Ancien Ministre des Colonies

Ministre de l'Instruction Publique et des Beaux-Arts

Hommage respectueux et reconnaissant

INTRODUCTION

Par un arrêté du mois de juillet 1908, M. Gaston Doumergue, Ministre de l'Instruction Publique et des Beaux-Arts, m'a chargé d'une mission scientifique en Belgique à l'effet d'étudier l'ankylostomiase, son diagnostic, son traitement, sa prophylaxie.

Cet arrêté était accompagné d'une lettre de M. le docteur Clémenceau, Ministre par intérim des Affaires Etrangères, me recommandant à tous les agents diplomatiques de la République Française, en Belgique. Muni de ces deux lettres officielles, j'ai trouvé toutes les facilités pour mon travail; j'ai été reçu partout à Bruxelles, à Liège et à Mons par les plus hautes notabilités de l'administration et de la science, avec la plus exquise courtoisie.

Aussi, mon premier devoir c'est d'adresser aux deux Ministres mes hommages respectueux et reconnaissants.

Avec toute l'indépendance qui appartient à un Professeur du Muséum, je ne me suis pas borné à étudier l'ankylosto-miase, mais je me suis occupé d'autres ennemis du mineur de charbon : du grisou, que j'ai tant travaillé depuis 1892, qui est encore un ennemi plus redoutable que l'ankylostome; de l'oxyde de carbone qui se dégage dans les mines, soit dans la combustion partielle du charbon, soit lors des

explosions de grisou ; en effet, le docteur français Rambault
(catastrophe du puits Jabin, en 1876) et le professeur anglais
Haldane, lors de la catastrophe de Tylerstown (27 janvier
1896), ont démontré la formation d'oxyde de carbone par
une combustion incomplète du formène. Les poussières de
charbon sec répandues quelquefois en grande quantité
dans les galeries de mines sont aussi des causes d'explosions
comme à Courrières, et je ne puis qu'applaudir aux résultats
des expériences toutes récentes qui ont été faites en France,
à Frameries, sous la direction des Ingénieurs des mines, et
qui sont la répétition de celles qui ont été faites à Liévin
(Belgique), dans des galeries d'expériences.

Enfin je traiterai de l'anthracose, c'est-à-dire de l'accumu-
lation des poussières de charbon dans les poumons qui
peuvent gêner les fonctions principales de ces organes,
l'absorption de l'oxygène et l'exhalation de l'acide carbonique, et je terminerai ce rapport par les résultats de mes
recherches sur l'alcool, qui est également un ennemi des
mineurs.

Puissent mes efforts continus obtenir une amélioration
dans les conditions difficiles du travail de ces ouvriers qui
rendent de si grands services à l'industrie et nous permettent de résister par le chauffage au froid de l'hiver ; puis-je
arriver à leur rendre la sécurité par des analyses constantes
de jour et de nuit dans les diverses galeries des houillères.

Je diviserai mon travail en plusieurs publications successives, en commençant par l'objet principal de ma mission :
l'ankylostomiase.

NESTOR GRÉHANT.

CHAPITRE PREMIER

L'ANKYLOSTOMIASE

Il y a peu de questions de zoologie qui aient été aussi bien étudiées que celle qui va nous occuper, il m'est impossible de résumer ici les nombreux livres et mémoires qui ont été publiés, je ne puis que donner le conseil à mes lecteurs de lire dans la *Grande Encyclopédie* (tome 3, page 17), l'article intitulé : *Ankylostome, ver de l'ordre des nématodes, famille des strongylidés*, de mon collègue de l'Académie de Médecine, le professeur Raphaël Blanchard, si expert dans les questions de parasitologie ; un article beaucoup plus développé de son traité classique de zoologie médicale ; la description donnée par mon collègue de l'Académie de Médecine, M. Railliet, doyen de la section de médecine vétérinaire, *de l'Ankylostome et de sa biologie.*

Enfin, le volume si instructif publié en 1905 (Masson, éditeur) par mon collègue, le professeur Calmette, correspondant de l'Institut et de l'Académie de Médecine, et par son collaborateur, M. Breton, chef de clinique médicale à la Faculté de Médecine et assistant à l'Institut Pasteur de Lille.

« Ce livre s'adresse, disent les auteurs, aux médecins et « aux ingénieurs des charbonnages. Nous l'avons écrit pour « répondre au désir que les uns et les autres nous ont « exprimé. Les médecins trouveront dans la première partie, « plus spécialement médicale, tout ce qui concerne l'histoire

« classique de l'ankylostomiase, la biologie de son parasite,
« son diagnostic et son traitement. Les ingénieurs liront
« surtout avec intérêt la deuxième et la troisième parties, où
« nous avons essayé de fixer les bases d'une prophylaxie
« aussi simple et aussi sûre que possible, en nous appuyant
« sur les exemples et sur les leçons que l'Allemagne, plus
« durement éprouvée que notre pays, a pu nous fournir. »

J'ajouterai que dans la bibliographie, à la fin du volume
de MM. Calmette et Breton, depuis l'année 1789 jusqu'en 1904,
243 ouvrages ou mémoires originaux sont indiqués.

Il semble donc que tout ait été dit ou écrit sur l'ankylostome et qu'il n'y ait plus rien à faire : ce serait une grande
erreur de le croire, la science ne sera jamais terminée, elle
progresse toujours et comme l'indique le geste sublime de la
statue de Lavoisier, située près de la Madeleine, l'horizon
scientifique est sans limites.

A mon arrivée à Bruxelles, j'ai fait ma première visite à la
Légation de la République Française, où j'ai été reçu avec
la plus grande cordialité par M. Ganderax, Conseiller de la
Légation, qui me remit une lettre pour M. Hubert, Ministre
de l'Industrie et du Travail ; je me suis présenté à M. Dejardin,
directeur général des mines de Belgique ; j'ai reçu de ce
haut fonctionnaire des documents écrits et des renseignements très précieux ; il me donna un rapport de M. Victor
Watteyne, inspecteur général du service des accidents miniers
et du grisou à Bruxelles, qui était alors en mission scientifique
aux Etats-Unis. Ce rapport sur Courrières et La Boule, intitulé :
« Examen comparatif de deux grandes explosions de poussières en 1887 et en 1908 » est fort instructif ; j'en donnerai
plus tard les conclusions.

M. Dejardin m'a conseillé d'aller à Liége et à Mons, en me
disant que j'y trouverais tous les documents nécessaires
pour l'étude de l'ankylostome et du grisou : il m'a dit qu'il
existe dans la province du Hainaut, près de Liévin, une
galerie de mine qui dégage par jour 400 mètres cubes de

grisou que l'on canalise pour faire des expériences dans une galerie qui a été construite à ~~Liévin~~. /Frameries.

VOYAGE A LIÉGE

Dès mon arrivée dans cette ville si importante au point de vue industriel, j'ai vu M. Libert, inspecteur général des mines, qui m'a parlé des houillères de Belgique ; elles sont classées en mines non grisouteuses, grisouteuses, fortement grisouteuses ; mais cette classification artificielle peut être modifiée et devenir précise, à la condition de faire, dans chaque exploitation, des analyses quotidiennes de l'air des galeries ; on devrait connaître à chaque heure du jour et de la nuit, si le travail est continu, la composition de l'air de ces galeries et ne pas supporter, comme le fait M. François, directeur général des mines d'Anzin, plus d'un pour cent de formène que le grisou renferme souvent dans la proportion de 90 pour cent (M. Le Chatelier).

Quant à l'ankylostomiase, M. l'inspecteur général Libert m'a fourni un renseignement curieux : il arrive, m'a-t-il dit, à de jeunes ingénieurs des mines que je fais descendre dans les galeries, où ils séjournent seulement quelques heures, de contracter la maladie causée par l'ankylostome, l'anémie des mineurs, je n'y comprends rien.

Il résulte de toutes les expériences qui ont été faites, et que je résumerai bientôt, que les larves d'ankylostome ont le pouvoir de pénétrer par la peau de l'homme, par les follicules pileux et de parcourir tous nos tissus pour aller se fixer dans le duodénum.

La question de l'ankylostomasie en Belgique (ankylostomiase ou ankylostomasie sont synonymes) a fait de grands progrès, grâce aux professeurs Malvoz, de Liége, Herman, de Mons, et au docteur Lambinet, élève et assistant du docteur Malvoz, qui m'a servi de guide dans les laboratoires de bactériologie et de parasitologie de Liége et dans le dispensaire spécial où l'on traite les porteurs de vers.

Dans le 14e Congrès international d'hygiène et de démographie qui s'est tenu à Berlin en 1907, le professeur docteur E. Malvoz a traité complètement dans un mémoire de quinze pages la question de l'ankylostomasie en Belgique, et ce travail est si important qu'il me paraît nécessaire d'en faire connaître quelques extraits:

« L'accord est fait sur l'ensemble des mesures dont l'ap-
« plication doit mettre un terme aux ravages de l'ankylos-
« tomasie dans les bassins houillers : la prophylaxie repose
« toute entière d'une part sur des mesures d'hygiène géné-
« rale, d'autre part sur les moyens spécifiques dirigés spé-
« cialement contre cette dangereuse maladie des mineurs.
« Les mesures de salubrité comportent surtout l'organisation
« d'un service de bains-douches et de water-closets à l'exté-
« rieur et le placement de baquets-latrines à l'intérieur des
« travaux; il faut y ajouter tous les moyens capables d'amé-
« liorer la ventilation, d'abaisser la température des chan-
« tiers et d'assécher les galeries de la mine. Quant aux
« mesures spécifiques, elles visent l'assainissement du per-
« sonnel lui-même réalisé par le recensement microscopique
« de tous les ouvriers avec la mise en traitement des porteurs
« de vers, malades ou non, et par le refus à l'embauchage
« de tout ouvrier reconnu parasité.

« Quant à la désinfection des galeries de mines des char-
« bonnages contaminés, elle est pratiquement impossible;
« si les recherches faites dans les laboratoires de bactério-
« logie des bassins houillers de Liége, Mons, Gelsenkirchen
« et Lille établissent que l'on peut détruire les larves
« d'ankylostome au moyen de certains agents chimiques,
« ceux-ci sont ou trop coûteux ou d'une odeur trop désa-
« gréable pour que leur emploi soit pratiquement réalisable.
« Tout au plus peut-on préconiser le sel marin (Docteur
« Manouvrier, de Valenciennes), mais à forte concentration

« (Lambinet, Bruns), pour la désinfection de certains points
« de la mine particulièrement infectés (abords des latrines,
« des baquets, etc.)

« Telles sont les grandes mesures générales et spécifiques
« que l'on préconise contre l'ankylostomasie et sur lesquelles
« l'accord des hygiénistes était déjà établi au moment où la
« question a fait l'objet d'importants rapports à la 13e session
« du Congrès international d'hygiène tenu à Bruxelles en
« 1903. Au moment où s'ouvre la 14e session de ce Congrès,
« ces mesures continuent à dominer toute la prophylaxie,
« bien que nos conceptions sur le mode de pénétration des
« larves du parasite dans l'économie se soient beaucoup
« modifiées depuis le Congrès de Bruxelles. A cette époque,
« on n'accueillait qu'avec beaucoup de scepticisme l'opinion
« soutenue par le professeur Looss (du Caire) que l'infection
« se produit par la peau, malgré toute l'autorité du défenseur
« de cette thèse. Mais la confirmation par de nombreux
« observateurs des faits découverts par Looss a été tellement
« éclatante que plus personne ne doute aujourd'hui de
« l'importance de la voie cutanée dans l'infection de l'orga-
« nisme au point que la plupart de ceux qui se sont spécia-
« lisés dans ces études admettent que la peau est la voie
« habituelle d'introduction des larves dans l'économie.
« Nous nous rangeons parmi les partisans de cette opinion ;
« il ne nous paraît pas possible d'expliquer autrement que
« par une infection cutanée plusieurs cas d'ankylostomasie
« que nous avons observés chez des ingénieurs ne mangeant
« jamais dans la mine et prenant toutes les précautions pour
« ne pas s'infecter par la bouche. Mais, au point de vue pra-
« tique, ces notions n'entraînent pas une orientation diffé-
« rente dans les mesures défensives : on a toujours recom-
« mandé, comme une excellente mesure générale, la pro-
« preté du corps et on n'avait pas attendu la confirmation
« de la découverte de Looss, pour engager les exploitants à
« mettre à la disposition des ouvriers des installations

« modernes de bains-douches, qui, en ce qui concerne parti-
« culièrement le bassin de Liége, fonctionnent déjà dans un
« grand nombre de charbonnages, comme dans les exploi-
« tations houillères de la Westphalie (1).

« Ce qui intéresse surtout les hygiénistes à l'heure actuelle
« c'est bien moins la discussion sur les méthodes générales
« de prophylaxie de l'ankylostomasie que la mise en lumière
« des résultats obtenus, grâce à leur application dans les
« divers bassins où la lutte a été engagée contre la maladie
« des mineurs.

« La Belgique, et tout particulièrement le bassin houiller
« de Liége a payé un lourd tribut à l'ankylostomasie ; quelle
« est aujourd'hui la situation de ce pays dans la lutte contre
« le parasite de l'anémie des mineurs ?

« Pour bien mesurer le chemin parcouru par les promo-
« teurs de cette nouvelle croisade sanitaire au cours de ces
« dernières années, il ne sera pas inutile de rappeler dans
« quelles conditions ils se sont trouvés placés au moment
« d'entamer le combat contre cette redoutable affection.

« L'ankylostomasie est connue depuis très longtemps au
« pays de Liége ; la première constatation des parasites
« remonte à 1884 et elle est due au professeur Firket qui
« trouva de nombreux ankylostomes dans l'intestin d'un
« mineur mort à l'hôpital des cliniques. — A cette époque,
« on ne connaissait pas l'ankylostome en Belgique ; on savait,
« par les publications de Perroncito, que ce parasite avait
« exercé ses ravages parmi les ouvriers travaillant au tunnel
« du Gothard et on fut amené à admettre que le ver venait
« d'être apporté en Belgique par des terrassiers italiens.
« Mais nous croyons, d'après des recherches personnelles
« que nous avons faites dans les archives des cliniques, que

____

(1) M. Libert, inspecteur général des mines, a décrit dans les *Annales des
Mines de Belgique* (T. XII, 1907) toutes les installations de bains-douches des
charbonnages du bassin de Liége.

« l'anémie du mineur d'origine parasitaire existait déjà dans
« le bassin de Liége plusieurs années avant la découverte du
« professeur Firket, et il n'est pas impossible qu'elle ne se
« soit introduite dans le pays Wallon à la faveur des nom-
« breux ouvriers houilleurs allant travailler pendant l'été
« dans les briqueteries d'outre-Rhin.

« Quoi qu'il en soit, l'attention fut, dès 1884, attirée sur le
« dangereux parasite dont la présence était une redoutable
« menace pour les ouvriers du bassin.

« Les professeurs Masius et Francotte eurent bientôt l'occa-
« sion de découvrir de nouveaux cas dans leurs cliniques
« hospitalières, et d'insister dans leurs communications à
« l'Académie de Belgique sur la gravité du mal. Le docteur
« Kuborn apporta, lui aussi, devant la haute assemblée médi-
« cale, des observations de malades de sa clientèle d'ouvriers
« mineurs. Des médecins de charbonnages constataient, de
« leur côté, l'extension du fléau dans certaines mines de la
« rive gauche de la Meuse, particulièrement atteintes par
« l'épidémie.

« Malgré les publications des cliniciens, malgré les appels
« adressés de la tribune de l'Académie aux pouvoirs publics,
« on resta complètement indifférent en Belgique, en dehors
« de quelques médecins en situation de connaître les faits,
« à l'extension d'un mal qui exerçait, parmi les travailleurs
« de la mine, des ravages d'autant plus considérables que
« l'on ne faisait rien pour en arrêter l'extension. La sympto-
« matologie et le traitement de l'ankylostomasie étaient
« parfaitement étudiés dans les cliniques et par quelques
« médecins de charbonnages, mais personne ne semblait
« vouloir se charger de l'initiative d'une prophylaxie géné-
« rale de l'affection. Il faut arriver jusqu'en 1896, treize
« années après la découverte du premier cas, treize années
« pendant lesquelles le parasité pût se propager dans un
« grand nombre de mines du bassin sans aucune entrave à
« sa dispersion, il faut arriver en 1896 pour trouver la pre-

« mière constatatiou du mal dans un document officiel de
« l'administration : c'est l'honneur de la commission médi-
« cale d'hygiène de la province d'avoir, dans son rapport
« de 1896, attiré l'attention sur l'ankylostomasie sévissant
« dans certaines exploitations du bassin de Liége.

« Dès lors, une nouvelle période s'ouvre : l'opinion publi-
« que commence à se préoccuper de cette maladie, que l'on
« croit nouvelle, des ouvriers mineurs. Mais que d'efforts il
« faudra encore dépenser pour vaincre l'apathie des uns,
« l'indifférence des autres, pour intéresser le gouvernement
« à cette nouvelle campague sanitaire, pour le décider à
« diriger et à coordonner les efforts, à seconder et à stimu-
« ler les initiatives qui s'étaient fait jour et qui restaient
« impuissantes dans leur isolement ! Heureusement, si le
« pouvoir central fut lent à mettre à la disposition de ses
« commissions officielles d'hygiène les moyens financiers
« sans lesquels toute action reste stérile, car en matière de
« lutte contre l'ankylostomasie comme de toute autre mala-
« die sociale, tout se résume en une question d'argent ;
« heureusement les hommes qui consacraient le meilleur de
« leur activité à cette lutte contre la maladie des mineurs
« trouvèrent l'aide pécuniaire qui leur avait manqué jus-
« qu'alors auprés du conseil provincial de Liége : cette
« assemblée, à partir de l'année 1908, fournit le nerf de la
« guerre sous la forme de gros crédits affectés à la lutte
« contre l'ankylostomasie.

« Cette intervention de la province de Liége se produisait
« comme une conséquence toute naturelle de la propagande
« de prophylaxie générale que ses mandataires avaient mise
« à leur programme de réformes sociales, en fondant, en 1896,
« un institut public de bactériologie dont l'activité princi-
« pale était dirigée vers la lutte contre les maladies frappant
« surtout les travailleurs.

« Déjà très engagé dans la croisade contre la tuberculose,
« le conseil provincial de Liége ne pouvait se désintéresser

« de l'ankylostomasie si meurtrière dans cette partie de la
« Belgique.

« Les crédits importants affectés par le conseil provincial
« furent consacrés d'une part à la propagande de la commis-
« sion médicale d'hygiène, d'autre part à l'établissement de
« la topographie du mal dans les diverses régions du bassin
« et à l'étude de la biologie du parasite et des moyens de le
« détruire par l'Institut provincial de bactériologie. Mais en
« l'absence des fonds de réserve dont on dispose dans les
« pays dotés comme l'Allemagne, de l'excellente organisation
« de l'assurance ouvrière, les caisses de secours des char-
« bonnages aussi bien que celles des associations libres de
« mutualité se trouvaient totalement impuissantes à venir
« efficacement en aide aux victimes de l'ankylostomasie. Le
« conseil provincial intervint là encore en indemnisant
« largement les ouvriers condamnés au chômage. Les dépen-
« ses supportées par la province de Liége seule pour soute-
« nir efficacement les hygiénistes dirigeant la lutte contre le
« ver du mineur atteignent à l'heure actuelle plusieurs
« centaines de milliers de francs. Le travail le plus urgent
« qui s'imposait était l'établissement de la topographie ;
« il fallait absolument connaître quels étaient les foyers
« du mal, pour pouvoir le combattre d'une façon ration-
« nelle.

« Or, on avait constaté, tant à l'Institut provincial qu'aux
« charbonnages de Beaujouc et de l'Espérance où des recher-
« ches microscopiques étaient journellement pratiquées, qu'il
« existait, à côté des ouvriers réellement et sérieusement
« malades, un nombre encore beaucoup plus considérable
« de sujets dont l'examen des déjections révélait la présence
« d'œufs du parasite, sans que l'intéressé se sentit lui-même
« indisposé ; il s'agissait là d'ouvriers *porteurs de vers* qui
« semaient l'infection autour d'eux dans la mine, d'autant
« plus fortement qu'ils continuaient à travailler sans que
« l'on se doutât du danger de leur présence.

« La carte topographique du bassin au point de vue de
« l'ankylostomasie ne pouvait être dressée qu'en tenant
« compte de ces porteurs de vers; il fallait dès lors prati-
« quer l'examen microscopique des déjections d'ouvriers
« pris au hasard dans chaque charbonnage. On décida de
« faire porter ces recherches sur une moyenne de 15 à 20 %
« des ouvriers de chaque mine. Ce recensement était en
« pleine voie d'exécution quand la question de l'ankylosto-
« masie fut soulevée pour la première fois dans les autres
« bassins de la Belgique que, jusqu'alors, on avait considé-
« rés comme indemnes. C'est au docteur Herman, de Mons,
« que revient surtout l'honneur de s'être fait le propagan-
« diste de cette campagne sanitaire dans le Hainaut. »

M. le docteur Malvoz ouvrit en mai 1903 un *dispensaire du
mineur* avec l'aide de la province et les exploitants des
charbonnages.

« On y fit passer d'abord toutes les victimes de l'ankylostomasie réclamant de la province des indemnités de chômage; pour continuer à jouir de ces dernières, il fallut se
soumettre à la cure instituée au dispensaire. Pendant les
longues heures du séjour au dispensaire, nous fîmes, avec
notre assistant, le docteur Lambinet, des démonstrations de
nature à frapper l'esprit de nos pensionnaires; nous leur
apprîmes les grandes lignes de la biologie de l'ankylostome,
comment le parasite se propage dans la mine, la nécessité
de se faire soigner dès le début de l'affection, l'obligation
pour l'ouvrier de ne plus déposer ses déjections dans les
chantiers de la mine, la nécessité d'être attentif et docile à
toutes les pratiques d'hygiène (bains-douches, propreté, etc.);
on montra aux malades des œufs et des larves au microscope ainsi que des parasites encore gorgés de sang expulsés
au cours du traitement; on insista sur la haute utilité sociale,
dans un pays privé des bienfaits de l'assurance ouvrière, de
l'affiliation à des groupements mutualistes afin de pouvoir
jouir à l'occasion des indemnités de chômage en cas d'infec-

tion par l'ankylostome; dans certaines régions de la province, il n'y avait pas un mineur sur quinze qui fût mutualiste.

« Toute cette propagande organisée au dispensaire même porta immédiatement ses fruits et ce furent les quelques centaines de victimes de l'anémîe du mineur ayant passé en 1903 par le dispensaire et renvoyées par celui-ci dans les divers charbonnages guéries et métamorphosées, qui se chargèrent partout de porter la bonne parole parmi les camarades; on pouvait donc guérir facilement de ce terrible mal, et la guérison était d'autant plus aisée que l'on s'y prenait plus tôt pour réclamer le traitement; on pouvait aussi s'en préserver. » (Docteur MALVOZ.)

Diagnostic de l'Ankylostomiase

C'est par l'examen microscopique des matières fécales qu'on peut établir ce diagnostic:

« Une parcelle de matière est déposée au centre d'une lame porte-objet; on l'étale avec un fil de platine ou une aiguille à dissocier, en la diluant d'une ou deux gouttes de glycérine ou simplement d'eau. On dépose une lamelle couvre-objet sur la lame en appuyant légèrement de manière à réduire le plus possible l'épaisseur de la couche à examiner.

« On porte alors la préparation sous le microscope et on la lit dans toute son étendue de gauche à droite et de haut en bas avec un grossissement de 300 ou 400 diamètres. » (CALMETTE ET BRETON.)

Traitement de l'Ankylostomiase à Liége

« Dans notre province, l'examen de tous les mineurs présentant ou non des symptômes de la maladie est fait au dispensaire du mineur et est suivi du traitement de tous les ouvriers parasités.

« Fondée par M. le professeur Malvoz en mars 1903, sous les auspices de la province et de l'Union des charbonnages, l'œuvre du dispensaire du mineur fournit ainsi contre l'ankylostomiase une arme à la fois prophylactique et curative.

« Quotidiennement, depuis 1903, une douzaine d'ouvriers mineurs ont été soumis au traitement qui consiste en deux ou trois cures suivies à un jour d'intervalle.

« La médication est basée sur l'emploi de l'extrait éthéré de fougère mâle combiné ou non au chloroforme et précédé de l'absorption d'un purgatif. Les cures ne sont vraiment efficaces que si les purgatifs et les vermifuges sont administrés en leur temps, dosés et associés convenablement. En général, la méthode instituée au dispensaire est la suivante :

« La veille de la cure : purgatif composé de calomel et jalap ; de chaque, 20 centigrammes. Diète lactée.

« Le premier jour de la cure, le matin à jeun, absorption de 16 capsules à 0 gr. 50 d'extrait éthéré de fougère mâle récemment préparé. Repos sur une chaise longue jusqu'à midi, puis petit repas réconfortant : retour de l'ouvrier à domicile. Le deuxième jour, repos. Le troisième jour, l'ouvrier prend, le matin, au dispensaire, une potion composée habituellement de : extrait éthéré de fougère mâle : 4 grammes ; chloroforme : 2 ou 3 grammes ; huile de ricin : 40 grammes.

« La dose de chloroforme employée qui peut aller jusqu'à 3 gr., 3 gr. 1/2, puis le repos ultérieur, sur la chaise longue où survient un léger assoupissement, ont, à notre avis, une grande influence sur le nombre des parasites expulsés. Cette dernière médication, qui fut toujours suivie des plus belles récoltes de vers, ne donna jamais lieu, grâce à la surveillance et aux soins attentifs du personnel du dispensaire, au moindre accident fâcheux.

« Le quatrième jour, repos de nouveau.

« Enfin, le septième jour, un nouvel examen des matières

recueillies soit au charbonnage, soit au dispensaire, ne décèle plus dans la plupart des cas, les œufs des parasites intestinaux. Un certificat est alors remis à l'ouvrier qui a suivi les cures, pour l'indemniser de la perte de salaire pendant ces six ou sept jours. L'indemnité allouée par la province est de 1 fr. 50 par jour de chômage.

« D'autres indemnités sont accordées encore par le charbonnage et par les Sociétés de secours mutuels. Le traitement s'adresse non seulement aux ouvriers malades qui sont débarrassés de leurs parasites et rendus aptes au travail, mais encore aux simples porteurs de vers que la présence des parasites n'a pas encore incommodés. Chez ces derniers, la médication qui expulse les ankylostomes et les œufs susceptibles de les reproduire, éteint autant de foyers d'infection. Comme complément du traitement curateur, l'éducation de tous les ouvriers atteints, pendant le séjour au dispensaire, sur la nature, le développement et la contagiosité du mal, a pour résultat d'éviter de nouvelles contaminations. Le dispensaire est un cours pratique de l'hygiène antiankylostomiasique. Le dispensaire procède à l'examen de tous les ouvriers à embaucher qui sont soumis au traitement s'ils sont porteurs et ne sont admis dans un charbonnage que sur certificat les déclarant indemnes.

« Il fait encore la révision de tout le personnel souterrain qui doit se soumettre à la cure obligatoire dans le cas d'infection. Des révisions successives, à époques déterminées, suivies du traitement des infectés, réduisent ainsi à une proportion sans cesse décroissante le nombre de porteurs de vers. » (Extrait du *Liége Médical :* sur l'ankylostomiase, par le docteur J. Lambinet, de Liége).

« Avant la création du dispensaire du mineur à Liége en 1903, sur 1,000 ouvriers mineurs occupés dans l'ensemble des charbonnages de la province, 260 en moyenne ou 26 0/0 étaient porteurs de vers; fin 1906, la proportion était descendue à 5,3 0/0 ; à la fin de décembre 1907, on ne trouve plus que 4 0/0 ouvriers parasités, la plupart, d'ailleurs, en bon état de santé, vaquant à leur travail et accomplissant leur labeur journalier. » (*Le Dispensaire du Mineur*, exercice 1907.)

J'ai eu la grande satisfaction de visiter avec le docteur Lambinet, élève et assistant du professeur Malvoz, les laboratoires de bactériologie de l'Institut provincial de Liége, j'ai vu au microscope des œufs d'ankylostome faciles à reconnaître, des larves vivantes obtenues par la culture, et douées d'une agilité extrême, des vers adultes mâles et femelles, de belles préparations microscopiques démontrant le trajet suivi par des larves introduites chez le chien par injection sous-cutanée et qui ont déterminé chez cet animal une ankylostomasie aigüe et causé la mort en plusieurs jours, expériences de zoologie ou de physiologie expérimentale du docteur Lambinet. Des larves ont été retrouvées dans les poumons, dans les vaisseaux, dans l'intestin, où les vers devenus adultes se nourrissent de sang et déterminent des hémorrhagies nombreuses. La proportion de l'hémoglobine dans le sang diminue considérablement de même que la proportion des globules, comme on peut le reconnaître par la numération des globules sanguins faite soit par le procédé du professeur Hayem, soit par le procédé du Président de la Société de biologie, le docteur Malassez, nos deux collègues de l'Académie de Médecine.

Dans les salles des laboratoires du professeur Malvoz, j'ai admiré des planches murales dessinées, représentant le développement de l'œuf d'ankylostome, les vers mâle et femelle de grandes dimensions, la ponte des œufs par la femelle ; ces planches servent à des conférences de vulgarisation, car pour combattre un ennemi il faut apprendre d'abord à le connaître. Le professeur Malvoz et son assistant, M. le docteur Lambinet, ont obtenu d'excellents résultats par la continuité de leur travail et de leurs efforts. Dans le service de M. Malvoz, 10,366 analyses de déjections ont été faites en 1907 ; dans le service de M. Lambinet on fit 4,712 analyses, 1,914 cures ont été obtenues. (Lutte contre l'ankylostomasie dans le bassin minier de Liége. *Le Dispensaire du Mineur*, exercice 1907.)

Nous avons visité le dispensaire parfaitement organisé et fonctionnant tous les jours, nous avons vu des mineurs couchés sur des lits de camp et soumis an traitement, qui est sérieux, car l'ankylostome est difficile à tuer, il offre beaucoup plus de résistance à l'action des médicaments que les ascaris, les trichocéphales, les oxyures, les tænias et d'autres entozoaires.

Traitement institué par les Médecins du Knappschafverein en Westphalie

« Les ouvriers mineurs porteurs du ver entrent le lundi au baraquement Dœcker, pour y subir leur cure.

« Dans la soirée, on leur administre un purgatif composé de 0 gr. 25 de poudre de jalap et de 0 gr. 25 de calomel.

« Le mardi matin, on leur fait avaler 8 grammes d'extrait éthéré de fougère mâle, avec 20 à 30 grammes de sirop de séné.

« Le mardi soir, repas léger. Le lendemain, repos.

« Le mercredi soir, nouvelle purgation avec 0 gr. 25 de jalap et 0 gr. 25 de calomel.

« Le jeudi matin, encore 8 gr. d'extrait éthéré de fougère mâle, avec 20 à 30 gr. de sirop de séné.

« Le jeudi soir, repas.

« Le vendredi soir, troisième purgation avec 0 gr. 25 de jalap et 0 gr. 25 de calomel.

« Le samedi matin 4 gr. d'extrait éthéré de fougère mâle et 20 gr. de sirop de séné. Dans la soirée, le malade est autorisé à rentrer chez lui, et on lui donne 4 jours de repos avec son salaire complet.

« Le traitement dure donc six jours pleins.

« Dans 80 0/0 des cas, les vers sont totalement expulsés.

« L'examen des déjections est pratiqué trois fois de suite à vingt-quatre heures d'intervalle ; s'il n'existe plus d'œufs, le mineur reçoit son certificat de guérison. » (CALMETTE ET BRETON, ouvrage cité.)

Prophylaxie de l'Ankylostomiase

Dans un mémoire intitulé : *Mines de Houille rendues réfractaires à l'ankylostome par des eaux salées de filtration*, par le docteur Manouvriez de Valenciennes (1), correspondant de l'Académie de Médecine, qui m'a été obligeamment communiqué par mon ami. M. Meillère, chef des travaux chimiques de l'Académie de Médecine, je trouve des faits fort intéressants dont je ne puis ici que donner une idée, mais je conseille la lecture de ce travail qui conduit à d'importantes applications pratiques.

Historique.

« Perroncito, professeur à Turin, avait, dès 1880, établi, par des expériences, l'action toxique du chlorure de sodium sur les larves d'ankylostome.

« Les solutions concentrées tuent les larves encapsulées en un laps de temps qui est en rapport avec le degré centésimal de la substance saline. Si elles sont depuis peu de temps encapsulées, ou non mûres, elles meurent rapidement dans des solutions à 9 et à 10 0/0 ; mûres, avec capsules non encore calcifiées, elles meurent dans les solutions à 12 0/0, en cinq ou six minutes ; si elles sont mûres, à capsule calcifiée, je les ai vu résister jusqu'à vingt-quatre et vingt-cinq minutes, dans des solutions à 15 et à 16 0/0.»

Durant son voyage scientifique de 1885 en Galicie, le pro-

(1) Jules Rousset, libraire, 1, rue Casimir-Delavigne.

fesseur R. Blanchard apprit que l'anémie n'avait jamais été observée dans les mines de sel gemme de Wieliczka, près Cracovie ; cette immunité tenait, selon lui, à la salure des eaux du fond, qui, à peu près saturées, constituaient un milieu dans lequel les larves ne pouvaient se développer. Contrôlant, en 1901, les données fournies par Perroncito, le docteur Lambinet constata bien l'immobilisation des larves encapsulées après un séjour de vingt-quatre heures dans l'eau salée à 15 0/0 ; mais les mouvements reparaissaient si l'on remplaçait ce liquide par de l'eau pure. Le degré de la solution dût être porté à 30 0/0 pour que, après le même temps, la larve se rétractât aux deux tiers de sa longueur et que, par rehydratation, elle ne bougeât plus, tout en s'allongeant.

Il résulte des recherches du docteur Manouvriez que les houillères abreuvées par les eaux salées du torrent d'Anzin, situé entre Anzin et Denain et occupant une superficie de 2,450 hectares n'ont jamais été des mines à anémie ; leurs ouvriers n'hébergent pas d'ankylostomes ; en un mot, elles n'ont jamais été infestées ; et d'autre part, cette couche aquifère si spéciale ne se rencontre dans aucune des mines infestées, c'est-à-dire où l'on a observé l'anémie, où tout le personnel du fond est porteur du ver.

APPLICATIONS PROPHYLACTIQUES

Préservation des mines contre l'Ankylostome par stérilisation du milieu souterrain.

1o Pour les mines humides, projection de sel dénaturé ;
2o Pour les mines poussiéreuses, houillères à poussières charbonneuses explosives, et mines métallifères à poussières rocheuses phthisiogènes, pulvérisations d'eau salée à 2 %.

« Il se pourrait que des faits, du même ordre que ceux que nous venons d'exposer, missent un jour sur la voie d'un mode efficace de *préservation des mines,* non par désinfection proprement dite, exterminant d'emblée les œufs et les larves mûres, complètement encapsulées, ce qui paraît difficilement réalisable en pratique, mais par *stérilisation des eaux du fond, en tuant les larves nouveau-nées, dont on provoquerait ainsi méthodiquement,* qu'on nous passe l'expression, *une sorte de morti-natalité,* à laquelle elles sont déjà naturellement si sujettes. L'extrême fragilité des larves, au moment même de leur éclosion, a été souvent observée dans les laboratoires, bien que jusqu'alors les causes en soient restées d'ordinaire inconnues. Ce mode de préservation du milieu minier, on s'est peut-être trop hâté d'en considérer la recherche comme illusoire. *La projection de sel dénaturé,* telle qu'elle se pratique pour la fonte rapide des neiges dans les grandes villes ou pour la destruction de l'herbe entre les pavés, ne *pourrait-elle être appliquée économiquement à la stérilisation du sol humide des mines ?*

« Ce sel rendu impropre à l'alimentation par l'addition de substances spéciales, est dégrevé de la taxe ; son bas prix en permettrait l'emploi. D'autre part, le chlorure de sodium, agissant uniquement par déshydratation, présenterait ce double avantage de n'être point toxique, ni irritant, ni même détériorant pour le mineur, et de n'enlever au combustible aucune de ses qualités.

« En tout cas, pour les mines poussiéreuses : charbonnages allemands exposés aux explosions par poussière de charbons et mines métallifères anglaises, dans lesquelles l'inhalation des poussières rocheuses engendrant la phthisie est si redoutée, et ou, par suite, il faut de toute nécessité recourir aux pulvérisations d'eau, pourtant très favorables à l'extension de l'ankylostomiase, on peut se demander s'il ne serait pas pratiquement possible d'atténuer les inconvénients de celles-ci, en se servant d'une eau légèrement salée à 2 0/0.

« Il appartient aux Ingénieurs de décider s'il n'y aurait pas

lieu de faire des essais en ce sens. » (Docteur MANOUVRIEZ,
de Valenciennes).

VOYAGE A MONS

En arrivant dans cette ville, je me rendis au laboratoire
de bactériologie du Hainaut dirigé par M. le docteur Herman que je connais depuis plusieurs années, car il est venu
dans mon laboratoire de physiologie générale du Muséum
et m'a remis des photographies de préparations très importantes relatives à l'ankylostome dont j'ai fait don à M. le
professeur Blanchard qui les utilise dans son enseignement.

J'ai été assez heureux pour rencontrer le savant professeur qui s'est soumis à une expérience sur lui-même rappe-
lant la glorieuse inoculation de la peste que se fit le docteur
Desgenettes pendant la campagne d'Egypte, qui ne fut suivie
d'aucun accident et qui releva le moral des soldats du général Bonaparte.

Nous ne pouvons pas rendre de trop grands hommages à
ceux qui se dévouent ainsi pour le plus grand bien de l'humanité, aussi j'ai copié textuellement la note sur la pénétration des larves de l'ankylostome duodénal à travers la peau
humaine qui a été publiée par M. le docteur Herman dans
un livre intitulé : 75me *Anniversaire de l'Indépendance nationale ; Exposition des institutions et des œuvres inspirées, encou-
ragées ou réalisées par la province du Hainaut.*

Instruction, Hygiène, Prévoyance

Frameries, Imprimerie provinciale du Hainaut

Dufranc-Friart, 1905.

« Peu de questions, dans ces dernières années, ont pas-
sionné le monde des naturalistes autant que celle de la
pénétration des larves de l'ankylostome à travers la peau de

l'homme et de certains animaux. A vrai dire, la possibilité de la contamination de l'homme par la voie cutanée, non seulement renversait toutes les idées reçues en parasitologie, mais encore était de nature à modifier la ligne de conduite à tenir dans l'organisation de la prophylaxie de l'ankylostomasie.

« En 1898, Looss, professeur à l'Ecole de médecine du Caire, annonçait avoir observé la pénétration des larves d'ankylostome duodénal à travers la peau humaine. Les données de Looss furent longtemps contestées : battues en brèche par les uns, confirmées par les autres par l'expérimentation sur l'animal, il manquait une confirmation directe par l'expérience sur l'homme. C'est cette lacune que nous avons comblée en procédant sur nous-même de la façon suivante :

« Le 20 janvier dernier, une goutte de culture contenant de nombreuses larves enkystées fut déposée sur la peau du deuxième espace interdigital de la main gauche. La peau n'avait subi aucune préparation et l'épiderme était absolument intact. Les deux doigts furent tenus rapprochés pendant quelques minutes, puis, le liquide étant évaporé, les mains furent lavées au savon et l'expérience considérée comme terminée.

« Comme il ne s'était manifesté aucun phénomène d'irritation locale, nous en avions conclu, trop hâtivement d'ailleurs, que l'expérience avait échoué ; mais, environ cinq heures après, une vive démangeaison se fit sentir à l'endroit infecté, puis de la rougeur y apparut ainsi que deux petites papules rouges. Ces phénomènes d'irritation durèrent quatre heures à peu près, puis se dissipèrent progressivement.

« Nous avions la conviction que les larves déposées sur l'épiderme y avaient pénétré ; mais étant donné l'endroit, nous ne pouvions pas exciser la peau sans nous exposer à la formation d'une cicatrice vicieuse ; c'est pourquoi, à quelques jours d'intervalle (le 24 janvier), nous renouvelâmes l'expérience sur l'avant-bras gauche au tiers supérieur. La peau fut rasée avec beaucoup de précaution sur une étendue de 4 centimètres carrés environ.

« Après nous être assuré que l'épiderme était tout à fait intact, une goutte de culture de larves enkystées fut déposée à l'endroit choisi.

« Cette goutte contenait certainement de trois à quatre cents larves d'ankylostome; la culture n'était pas cependant absolument pure, de rares larves d'anguillule intestinale y étant présentes.

« Au lieu d'étendre le liquide au moyen d'un instrument quelconque, nous recouvrîmes simplement la goutte d'un couvre-objet ordinaire. De cette façon, le liquide était étalé uniformément sur la face cutanée et l'on pouvait suivre à la loupe l'apparition de phénomènes locaux.

« L'attente ne fut pas longue.

« Après cinq ou six minutes, une vive démangeaison se produisit à l'endroit de l'expérience et une rougeur très nette y apparut.

« Pendant le temps de l'expérience, la démangeaison s'accentua et s'accompagna d'une sensation de brûlure comparable à celle d'un vésicatoire ou mieux d'un sinapisme.

« L'épiderme devint papuleux en différents endroits et, à la loupe, nous pûmes nettement distinguer que ces papules correspondaient à l'orifice des follicules pileux.

« Après une demi-heure, le couvre-objet fut enlevé et la peau lavée au chloroforme pour éliminer le restant des larves.

« Le liquide qui restait à la face inférieure du couvre-objet fut immédiatement examiné au microscope. La préparation montrait de rares larves d'ankylostome encore mobiles; mais à côté de ces larves on trouvait de nombreuses enveloppes libres.

« La peau, derme y compris, fut excisée à l'endroit

infecté et fixée sur un bouchon avant d'être mise dans l'alcool.

« La pièce fut ensuite traitée comme d'ordinaire pour l'obtention des coupes (passage au xylol, enrobage dans la paraffine, coupes au microtome, coloration par la théonine phéniquée, déshydratation par l'alcool, éclaircissement par l'essence de cajéput et montage dans le baume). Nous sommes arrivés ainsi à obtenir des coupes montrant non seulement la pénétration des larves dans les follicules pileux, mais aussi la désorganisation et l'effraction de la paroi de ces follicules.

« Nous avons retrouvé les œufs du parasite dans nos selles, soixante-quatorze jours après l'inoculation.

« Il ne peut donc plus y avoir, aujourd'hui, le moindre doute sur la possibilité de l'infection ankylostomasique de l'homme par la voie cutanée. » (Docteur HERMAN.)

A la suite de cette note, le directeur de l'Institut bactériologique du Hainaut a publié cinq planches ; les clichés obtenus sans la moindre retouche sont des plus démonstratifs.

J'ai examiné et admiré au microscope les préparations originales et j'ai reconnu la présence des larves d'ankylostome dans l'épaisseur de la peau de l'homme.

Guidés par le professeur Herman, nous avons visité, Mme Gréhant et moi, toute l'installation du dispensaire établi contre l'ankylostomasie, comprenant douze lits installés dans six chambres séparées.

« L'amélioration rapide de la santé des malades qui sont traités au dispensaire est la garantie la plus sûre de l'utilité de cette œuvre provinciale ; mais comme il n'a encore été pris aucune mesure de préservation dans les charbonnages du bassin de Mons, on doit s'attendre à de fréquentes récidives. C'est d'ailleurs ce que le personnel de l'établissement a pu constater. » (Docteur HERMAN).

Nous avons visité ensuite, avec M. le docteur Caty, député permanent du Hainaut, et avec M. le docteur Herman, une construction absolument grandiose presque achevée qui comprendra un musée d'hygiène analogue à celui de Berlin et un vaste Institut de bactériologie et d'hygiène placé sous la direction du professeur Herman.

Au mois d'octobre de l'année 1908, c'est avec une grande satisfaction que j'ai reçu dans mon laboratoire la visite de M. le docteur Caty et de M. le bourgmestre de Mons qui étaient venus assister à un congrès à Paris et qui ont vu plusieurs expériences de recherche et de dosage du grisou et de l'oxyde de carbone, qui les ont particulièrement intéressés.

Traitement de l'Ankylostomiase employé à Mons à l'Institut provincial d'hygiène et de bactériologie

J'ai demandé à mon collègue, M. le professeur Herman, le traitement qu'il applique et je le remercie de la description très complète qu'il vient de m'envoyer (20 janvier 1909).

« La mixture dont nous nous servons à Mons, dans la cure de l'ankylostomiase est composée de :

	Grammes
Essence d'eucalyptus (globulus)	2
Chloroforme	3
Huile de ricin	40

à prendre trois fois en l'espace d'une semaine : en une heure, la première fois ; en une demi-heure, la seconde fois, si la première dose a été bien supportée ; et, finalement, en 20 minutes si la deuxième dose n'a pas incommodé le patient. C'est la dose pour adultes, qu'il convient naturellement de réduire pour les adolescents. La drogue s'administre par cuillerées à soupe ; les malades ont à leur disposition un citron qu'ils sucent ou dont ils expriment le jus dans de l'eau de façon à faire une limonade qu'ils boivent pour faire passer le goût de l'essence.

Le médicament se donne le matin à jeun, le patient étant au lit, et le corps ayant été purgé la veille au soir par l'administration d'un léger purgatif salin (carslsbad ou sulfate de magnésie).

« L'effet du médicament commence à se faire sentir une demi-heure après ; somnolence ou narcose légère, le malade dort tranquillement une ou deux heures. Les évacuations liquides surviennent après une heure ou deux et se répètent à cinq ou six reprises.

« Le patient se lèvera quand la diarrhée aura cessé et pourra prendre un repas substantiel, sans toutefois se charger l'estomac. Le lendemain soir, il prendra un nouveau purgatif et le surlendemain matin, la drogue ainsi qu'il vient d'être dit.

« Une troisième mixture donnée deux jours après terminera la cure, c'est-à-dire ce que nous considérons comme le temps ordinaire d'une cure, mais il conviendra cependant de s'assurer quelque temps après si les œufs du parasite ont totalement disparu des selles et recommencer la cure si besoin était.

« Le docteur Phillips, à l'Ecole de Médecine du Caire, a appliqué cette cure avec succès et jusqu'à maintenant nous n'avons eu qu'à nous en louer à Mons. » (Docteur HERMAN.)

Le docteur Herman m'a remis un certain nombre d'exemplaires d'une brochure intitulée : *Le Catéchisme du Mineur contre l'ankylostomasie* qu'il a publiée en octobre 1905 et qui fait connaître l'ankylostome, les précautions qu'il faut prendre pour éviter son introduction dans les mines et qui renferme toute une série de bons conseils pratiques. Je joindrai à mon rapport ce catéchisme du mineur qu'il faut lire, faire lire et conserver. Il y a un grand intérêt à vulgariser ce travail pour lutter contre une maladie redoutable qui sévit en France et dans les pays chauds, car si l'on examine la carte publiée par MM. Calmette et Breton dans leur ouvrage, on voit que l'ankylostomiase existe dans un grand nombre de pays, en Belgique, en France, en Italie ; l'ankylostome fut signalé pour la première fois en 1838, par Angelo Dubini, qui l'avait trouvé dans l'intestin d'une jeune paysanne morte à l'hôpital de Milan.

« On trouve l'ankylostome à peu près sur tout le littoral africain, au Sénégal, en Guinée, à Sierra-Leone et sur la Côte-d'Or, au Cap et au Natal, à Zanzibar, à Mayotte et aux Comores. En Asie il a été signalé comme très commun en Chine, en Indo-Chine et au Siam. Orushi l'a rencontré au Japon dans toutes les régions montagneuses, et particulièrement dans l'île de Kiou-Siou, aux environs de Nagasaki, où la température oscille entre 20 et 30 degrés sans grandes variations hivernales. Il existe aussi à Formose, à Java et à Bornéo. On a trouvé dans certaines parties de l'Inde jusqu'à 75 0/0 du nombre des Hindous atteints.

« En Amérique, l'ankylostome est extrêmement commun aux Antilles, aux Guyanes, au Brésil, dans l'Uruguay, sur la côte du Pacifique (1). »

Le terrible parasite existe aussi dans la République Argentine comme le démontre une thèse que je dois à l'obligeance de M. le docteur Kolbe, ancien professeur à la Faculté de Médecine de Buenos-Ayres, capitale de la République Argentine.

La thèse du docteur Battaglia, faite sous la direction du professeur Kolbé, est en espagnol : notre savant bibliothécaire du Muséum National d'Histoire Naturelle, M. Deniker, docteur ès sciences, qui connaît toutes les langues de l'Europe, a bien voulu à ma demande traduire une partie de ce travail et je l'en remercie :

_____

(1) Calmette et Breton, ouvrage cité.

« *Observation* n⁰ 3

« Hôpital des Enfants

« Service du docteur Castro Sundblad

« Joseph C..., âgé de deux ans, Brésilien, tombé malade au début de l'année passée, à Buenos-Ayres, est entré immédiatement à l'hôpital.

« Pas d'antécédents héréditaires dignes de mention.

« *Antécédents personnels*. Alimentation maternelle jusqu'à l'âge de quatre mois ; a eu depuis, en différentes circonstances, des troubles gastro-intestinaux.

« D'après les renseignements recueillis auprès de la mère, il ressort que depuis trois mois l'enfant a commencé à maigrir et à perdre l'appétit ; il est devenu faible, abattu et pâle.

« *Maladie actuelle*. — La peau et les muqueuses sont d'une pâleur cireuse. Squelette et première dentition normales. Etat général mauvais avec prostration et indifférence. L'enfant tousse de temps en temps.

Poumons : râles humides et gros, s'étendant des deux côtés ; respiration un peu rude, vingt-huit respirations par minute.

Cœur : à l'examen physique normal ; à l'auscultation : souffle systolique, vers la pointe ; ce souffle ne se propage point et s'entend, quoique d'une façon moins intense, dans le foyer pulmonaire et aortique.

« Pouls régulier, peu intense ; cent douze pulsations à la minute.

« Le volume du foie est augmenté ; cet organe dépasse de trois centimètres le rebord costal.

« Rate normale ; impossible de la palper.

« Abdomen et ganglions normaux.

« La température oscille entre 37⁰ 8 le matin, et 39⁰ 3 le soir (fièvre).

« *Examen de l'urine :* normale.

« *Examen du sang.* — Il n'y a pas de réticule fibrineux. Les globules rouges sont décolorés, ils se mettent difficilement en piles et se trouvent, surtout, isolés et légèrement déformés.

« Les globules blancs sont augmentés en nombre avec prédominance des globules polinucléaires.

Nombre de globules rouges	2.180.000
— — blancs	16.000
Proportion des seconds aux premiers	1 : 136
Hémoglobine	18 pour cent
Valeur globulaire	0,41

« *Examen des excréments.* — Le premier examen pratiqué le 10 décembre, ne révéla point la présence de parasites, ni d'œufs quelconques. Mais le second examen, fait dix jours après, démontra l'existence de nombreux œufs d'ankylostome aux divers stades de segmentation.

« *Traitement.* — Alimentation abondante ; injections dermiques (sous la peau), du sérum artificiel faites tous les jours ; protooxalate de fer et injections de cacodylate de soude.

« Voyant que ce traitement ne produisait aucun effet bienfaisant immédiat sur le malade et que son état empirait, on s'est résolu de lui administrer l'extrait éthéré de fougère mâle à la dose de 3 grammes dans une potion gommeuse. Comme le malade rejetait ce médicament, on le lui a introduit, à doses variables, quelques heures après, à l'aide d'une sonde œsophagienne.

« Ce médicament déprime beaucoup le malade. Le pouls devient plus rapide et la température descend de quelques dixièmes de degré au-dessous de la normale. Le malade a eu la diarrhée quatre ou cinq fois par jour et les selles contenaient toujours de nombreux ankylostomes. Aussi, malgré le traitement, l'enfant succomba deux jours après (10 janvier 1903).

« *Autopsie :* Peau. Muqueuse et viscères anémiés. Rate et reins normaux. Foie : en état de dégénérescence graisseuse, diffuse.

« Poumons : portent des lésions dues à la bronchite catarrhale.

« Intestins : Les ankylostomes nagent en grande quantité dans le contenu des intestins : on remarque surtout une grande quantité de ces parasites adhérant intimement à la muqueuse du duodénum ; on trouve aussi sur la muqueuse intestinale des points d'ecchymoses. (Epanchements de sang produits par la piqûre des vers.)

Conclusions de la thèse

1° Les symptômes cliniques ne peuvent que faire soupçonner l'ankylostomiase ;

2° Il est impossible d'établir le diagnostic symptômatique de cette maladie ;

3° L'examen des excréments est absolument nécessaire pour découvrir l'ankylostomiase. (Docteur BATTAGLIA).

Je suis obligé d'abréger ce chapitre déjà long, mais il résulte, de tout ce que j'ai décrit, qu'il faut lutter avec la plus grande énergie contre un terrible parasite qui fait baisser considérablement le nombre des globules rouges du sang qui est de 5.500.000 globules rouges dans un millimètre cube de sang normal ; le nombre de ces globules qui jouent un rôle si fondamental dans l'absorption de l'oxygène de l'air c'est-à-dire dans une fonction essentielle de nos poumons, peut être réduit au tiers dans les cas graves d'ankylostomiase et en ma qualité de physiologiste je dois insister sur la mesure de la capacité respiratoire du sang si bien définie par Paul Bert dans le cas où l'on soupçonnerait la présence de l'ankylostome ; 20^{cc} de sang pris à l'aide d'une ventouse scarifiée appliquée dans la région lombaire, par exemple, suffiraient pour faire cette mesure ; bien entendu il est indispensable en outre de rechercher les œufs d'ankylostome dans une parcelle des déchets de l'alimentation à l'aide d'un bon microscope donnant un grossissement de quatre cents diamètres.

J'ajouterai, pour terminer, quelques détails sur un traitement très employé de l'ankylostomiase, détails qui m'ont été communiqués par le professeur Blanchard, de l'Académie de Médecine, et par le docteur Louis Martin, médecin en chef de l'Institut Pasteur de Paris.

Traitement de l'Ankylostomiase par le thymol

Observation du docteur Louis Martin

« Nous avons guéri à l'hôpital Pasteur un malade qui venait du Congo et avait une anémie grave due à l'ankylostome. Nous avons donné trois fois une série de thymol.

« A chaque série, nous donnions thymol 3 grammes par cachets de un gramme à une heure d'intervalle.

« On continuait trois jours.

« Le malade se reposait quatre jours et recommençait.

« Pendant qu'il prenait le thymol, le patient restait au régime lacté.

« Le thymol doit être ingéré à jeun.

« Après trois jours il est bon de purger le malade. »

Le professeur Blanchard conseille de n'ajouter au thymol ni huile, ni alcool, car ces liquides dissolvant le médicament, pourraient activer son absorption et produire des accidents d'empoisonnement.

Tous les entozoaires, ankylostome, tænia, ascaris, oxyure, etc., sont tués par le thymol.

Dans cette longue étude sur l'ankylostomiase qui produit l'anémie des mineurs, j'ai suivi l'exemple d'un grand maître

de la science expérimentale, l'illustre Chevreul qui a fait de
si importantes découvertes et qui s'intitulait *le doyen des
étudiants de France*, j'ai surtout cherché à faire connaître les
travaux des savants qui ont lutté avec le plus de succès contre le parasite, je me suis borné au rôle d'étudiant. Mais
dans les chapitres suivants, qui paraîtront successivement,
dans lesquels je m'occuperai surtout du grisou, de l'oxyde
de carbone, des explosions produites par les poussières de
charbon, et de l'alcool, c'est-à-dire d'autres ennemis des mineurs de charbon, je reprendrai mon rôle d'expérimenta-
teur.

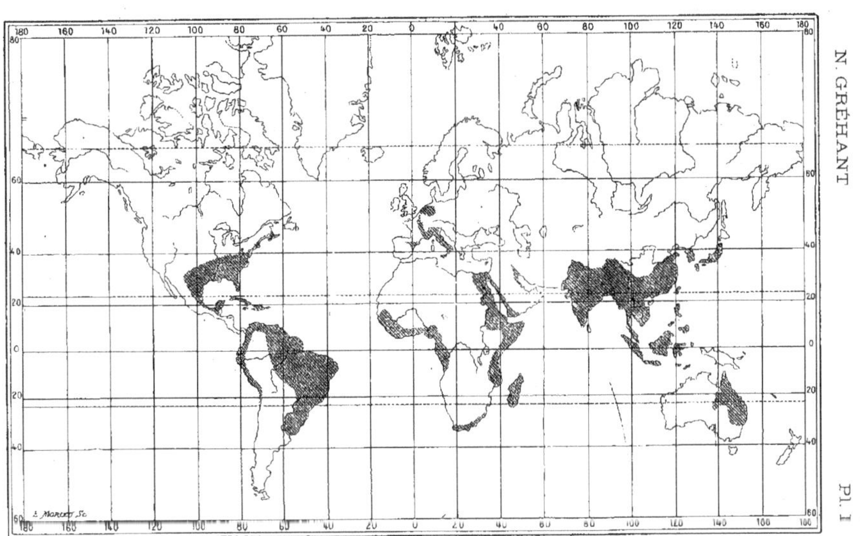

Fig. 1. — Répartition géographique de l'ankylostomiase. (Calmette et Breton, ouvrage cité.)

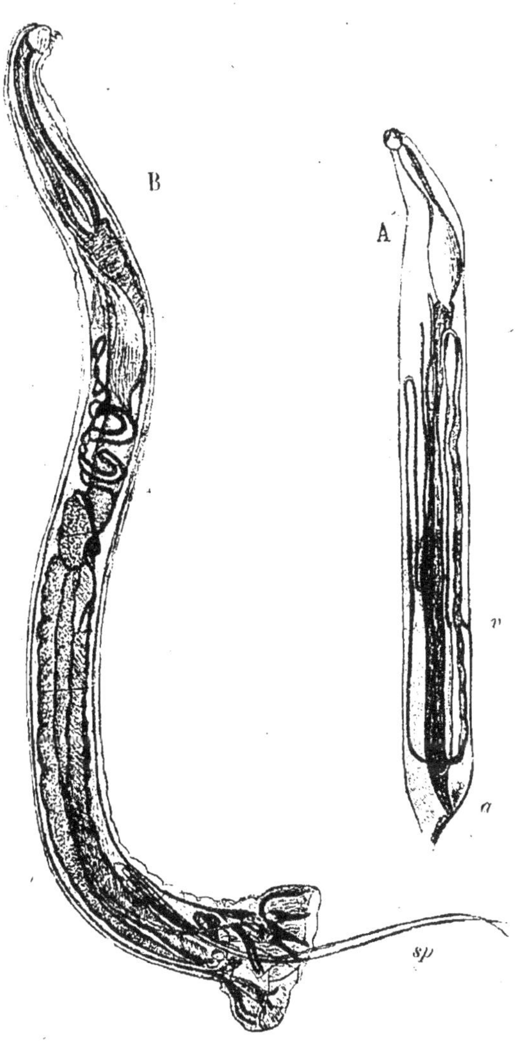

Fig. 2. — A, Ankylostome femelle ; *a*, anus ; *v*, vulve.
B, Ankylostome mâle ; *sp.* spicules.
(d'après Raph. BLANCHARD, Zool. méd., 1888.)

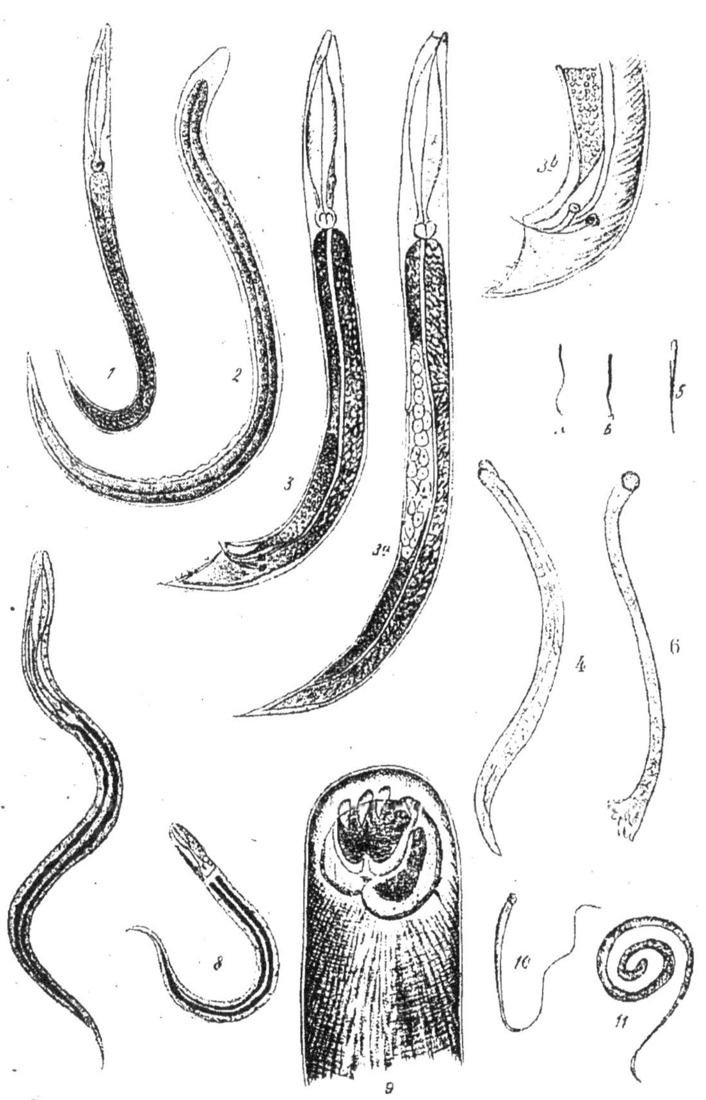

Fig. 3. — De 1 à 8, Larves d'ankylostome aux 1er, 2e, 3e et 4e stades.
9, Capsule buccale de la larve au 4e stade.
5, Oxyure vermiculaire.
10, 11, Trichocéphale femelle et mâle (grandeur naturelle).

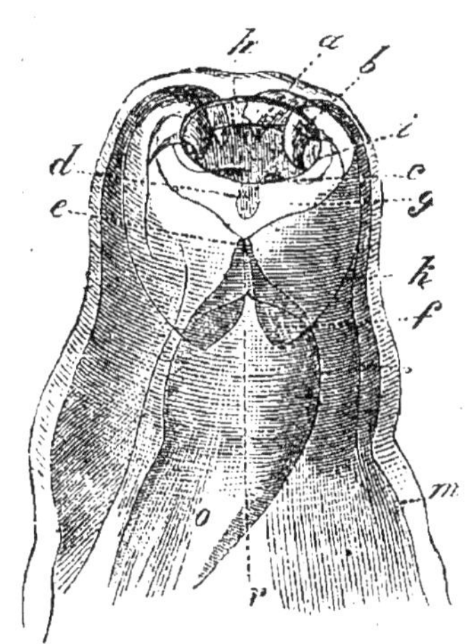

Fig. 4. — Extrémité antérieure d'un ankylostome adulte, dessin schématique d'après Perroncito : *a*, *b*, crochets ; *h*, cavité buccale ; *c*, lèvres ; *d*, dent médiane dorsale ; *e*, *o*, œsophage.

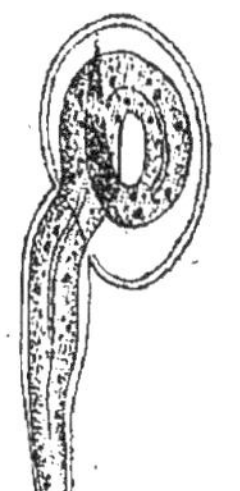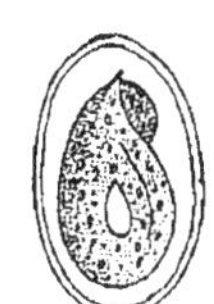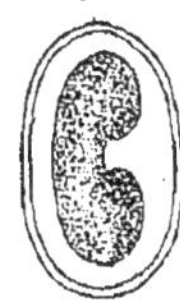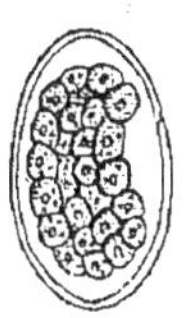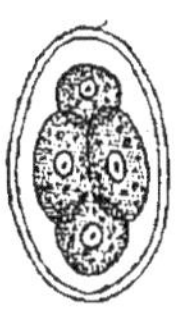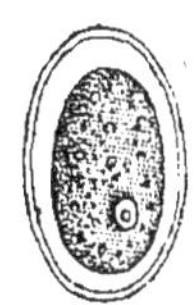

Fig. 5. — De 1 à 6, Evolution de l'œuf d'ankylostome duodénal jusqu'à la sortie de la larve au 1er stade. (Calmette et Breton.)

CHAPITRE II

LE GRISOU

« Voilà le plus grand ennemi des mineurs de charbon »
(M. l'Ingénieur François, directeur des Mines d'Anzin), et
nous devons diriger tous nos efforts pour lutter contre la
cause de tant de catastrophes qui, malgré les progrès de la
science, sont encore si fréquentes de nos jours en France,
comme à l'Etranger.

Je dois tout d'abord, comme je l'ai fait pour l'ankylostomiase,
conseiller la lecture des livres classiques qui ont été publiés :
Le Grisou, de M. Le Chatelier, dans l'Encyclopédie Léauté,
les *Annales des Mines de France et de Belgique*, etc.

Il y a déjà longtemps que, dans l'intérêt de l'humanité, je
m'occupe de cette question en suivant l'excellent conseil que
M. le baron Larrey, membre de l'Institut et de l'Académie de
Médecine, m'a donné il y a plus de vingt ans, de m'occuper
des applications de la physiologie à l'hygiène; M. Haton de la
Goupillière, Inspecteur général des Mines, ancien directeur
de l'Ecole supérieure des Mines, que je remercie de tout
l'intérêt qu'il a bien voulu prendre à mes travaux, me disait
un jour : « Monsieur Gréhant, vous êtes toujours sur la brèche »;
cela est vrai, mais aujourd'hui la brèche est largement
ouverte et l'on peut monter à l'assaut.

J'ai simplifié autant que possible la recherche et le dosage
du formène qui constitue souvent, comme l'a établi M. Le

Chatelier, les 90 pour 100 du grisou qui se dégage en si grande abondance dans certaines exploitations des bassins de Mons et de Charleroi, que l'on a pu mesurer 400 mètres cubes de ce gaz combustible dégagés en vingt-quatre heures et les recueillir pour faire des expériences d'une grande importance.

Avant d'exposer les progrès continus que j'ai faits dans la technique eudiométrique, il me paraît utile de reproduire une de mes communications au deuxième Congrès International de Physiologie qui s'est tenu à Liége, en l'année 1892, sous la présidence du professeur Léon Fredericq, dans son magnifique Institut de Physiologie : *Recherche et dosage du grisou par l'eudiomètre à eau et le grisoumètre de Coquillon.*

« J'ai composé une série de mélanges titrés de formène pur et d'air que j'ai analysés avec un eudiomètre à eau, peu différent de celui de Bunsen ; j'emploie un bouchon de caoutchouc traversé par un robinet de laiton gardant bien le vide ; après avoir introduit et mesuré les gaz, j'aspire l'eau qui reste dans le tube afin d'éviter le dégagement partiel des gaz de l'eau qui a lieu après le passage de l'étincelle et j'ouvre lentement le robinet pour faire rentrer l'eau. Toutes les mesures ont lieu après immersion de l'eudiomètre dans un grand bocal plein d'eau.

« L'analyse d'un mélange de formène et d'air à 1/15 m'a donné 1/14,7.

« Un mélange à 1/16 détone et a donné 1/16,1.

« Un mélange à 1/17 détone après addition de gaz de la pile et a donné 1/16,5.

« Un mélange titré à 1/50 a donné 1/53.

« L'analyse d'un mélange à 1/100 a donné 1/116.

« L'analyse d'un mélange à 1/200 a donné 1/209.

« On peut donc avoir une grande confiance dans les résultats fournis par l'analyse eudiométrique faite sur l'eau.

« Le grisoumètre imaginé par M. Coquillon est un instrument très ingénieux qui fournit des résultats très exacts, à la condition de ramener toujours les gaz à la même température ; il consiste dans la propriété que possède une spirale de platine portée au rouge par le courant de six éléments de Bunsen de brûler le grisou qui absorbe deux volumes d'oxygène et produit un volume d'acide carbonique (caractères eudiométriques du formène pur) ; on observe une réduction qui correspond à l'oxygène consommé.

« Pour 1/30 de grisou, la réduction a été égale à 14 divisions.

« Pour 1/60 de grisou, la réduction a été égale à 7.

« Pour 1/420 de grisou, la réduction serait égale à une division.

« Si la proportion du grisou dans l'air devient voisine de 1/17, le grisoumètre peut faire explosion et, dans ces conditions, il est préférable de se servir d'un tube eudiométrique ou d'ajouter à un volume de gaz pris dans la mine un volume égal d'air pur, mais il faudra doubler le résultat obtenu. Je crois qu'il serait bon d'établir dans chaque mine de charbon un laboratoire d'essais qui permettrait de dresser des courbes indiquant les proportions du grisou qui se dégagent dans diverses parties des galeries de mines et d'où pourrait partir un système d'avertisseurs indiquant la nécessité de faire sortir tous les ouvriers de la mine et d'activer la ventilation lorsqu'on s'approche de la limite dangereuse, qui produit encore trop souvent des catastrophes si terribles et si déplorables. » (GRÉHANT, Paris).

En 1893, l'année suivante, je fus assez heureux pour être élu, par les professeurs du Muséum et par l'Académie des Sciences, professeur de Physiologie générale au Muséum, en remplacement du professeur Rouget. Le décret de nomination a été signé par le bien regretté Président de la République Française Sadi Carnot ; il porte la date du 19 juillet 1893.

J'ai perfectionné le grisoumètre de Coquillon et j'ai fait construire par Golaz un grisoumètre à eau qui m'a rendu de grands services et qui m'a permis, en particulier, de découvrir dans le sang normal des animaux une trace de gaz combustible.

Actuellement, j'ai abandonné cet instrument et dans mon eudiomètre-grisoumètre il n'y a plus de robinet pointeau ; c'est une ampoule de verre cylindrique traversée par une spirale en platine dont les extrémités sont soudées dans le verre et pénètrent dans des tubes de verre recourbés remplis de mercure, recevant le courant d'une batterie de dix accumulateurs qui permettent de porter la spirale de platine au rouge sombre, au rouge vif et au rouge blanc.

Il faut éviter de fondre le fil de platine et on règle l'intensité du courant avec une bobine de résistance ; à l'ampoule cylindrique dont le volume est de 50^{cm3}, le constructeur, M. Leunc, a fait souder un long tube de verre d'un plus petit diamètre dont le volume est de 50^{cm3} divisés en cinquièmes.

Il est impossible dans cet instrument de porter la spirale de platine au rouge blanc d'une manière continue, pendant cinq minutes, par exemple, l'ampoule de verre se fendrait aux soudures et mettrait l'instrument hors d'usage ; il est indispensable, quand on veut brûler un gaz combustible dans l'ampoule et dans le tube, de faire passer le courant électrique d'une manière intermittente avec un levier-clef de Du Bois-Reymond, que j'ai pourvu d'un ressort à boudin, et on compte le nombre de passages par vingt à l'aide des boules d'un abaque, qui sont au nombre de dix sur un fil métallique horizontal, car il est très facile de compter les passages d'un courant de 1 à 20, d'accord avec les mouvements du levier, tandis qu'il serait impossible de compter de 90 à 100 ; la numération serait en retard sur les mouvements rapides du levier. Souvent il est nécessaire, pour brûler complètement le formène mélangé avec l'air, de faire passer deux ou trois cents fois le courant dans le fil de platine, et même plus.

Emploi des cloches eudiométriques cylindriques.

Au cours de mes voyages en Belgique, en 1907 et en 1908, en faisant la démonstration de mes appareils devant des savants ou des ingénieurs des mines de ce pays, ami de la France, j'ai reconnu que pour aller vite et pour faire dans une journée un grand nombre d'analyses et de dosages de grisou ou d'autres gaz combustibles, il faut employer au lieu de l'eudiomètre-grisoumètre des cloches graduées de 100^{cm3} ou de 50^{cc}, 20^{cc}, 10^{cc} divisées par demi-centimètre cube ou par cinquièmes ou dixièmes de centimètre cube.

Ces cloches ne renfermant pas de spirale de platine, il faut introduire dans chacune d'elles un inflammateur très simple composé de deux tiges métalliques de cuivre parallèles qui traversent un bouchon de caoutchouc et qui se terminent en bas par des bornes à vis et en haut par deux serre-goupilles (instruments employés par les horlogers) qui permettent de fixer les extrémités d'une anse de platine qui doit être portée au rouge.

Support à cupule de Gréhant.

Pour maintenir et fixer invariablement l'eudiomètre-grisoumètre ou des cloches de diamètres différents pouvant varier de 3 centimètres à 1 centimètre, il est indispensable d'employer le support que j'ai inventé et qui me rend les meilleurs services: il se compose d'une tige verticale de laiton à section carrée sur laquelle glisse facilement une courte enveloppe métallique soudée à une cupule métallique, portion de sphère dont la partie concave est tournée vers le sol et qui est garnie d'une calotte de caoutchouc; quand on abaisse cette cupule vers la partie inférieure de la tige carrée qui porte une plaque de cuivre horizontale maintenant un bouchon de caoutchouc plein en forme de tronc de cône à large base supérieure, la cupule recouvre cette base; quand on soulève avec le bouton à vis la demi-sphère, on intercale dans l'eau la cloche graduée entre le bouchon inférieur et la cupule après avoir introduit l'inflammateur dans la cloche de manière à ce que l'anse de platine soit dans le gaz et ne touche pas le verre, et on tourne une vis de pression qui agit sur le centre de la cupule pour enfoncer la cloche dans le caoutchouc et pour obtenir une fermeture hermétique. Au moment du passage d'un courant électrique, si le mélange gazeux contenu dans la cloche est combustible, il s'enflamme et jamais les gaz ne s'échappent par le bas, à moins que l'on n'opère sur des gaz très détonants, comme le formène, l'éthylène, l'acétylène, employés en trop grand volume, qui pourraient ou briser la cloche ou déplacer le bouchon et s'échapper en partie, ce qui perdrait l'analyse.

Dans tous les cas, il est toujours prudent d'entourer les cloches qui renferment un mélange gazeux détonant d'un grand bocal cylindrique de verre rempli d'eau, recouvert d'une glace épaisse portant un poids de 10 kilogrammes.

Avec ces appareils, je fais maintenant toutes mes analyses, aussi bien celles des gaz qui me sont envoyés des mines de charbon que celles des gaz extraits du sang soit normal, soit oxycarboné, et mes résultats sont toujours d'une exactitude qui ne peut pas être dépassée ; j'en fournirai bientôt la preuve.

Depuis le 1er octobre 1908, c'est-à-dire depuis six mois, j'ai repris un travail très actif au laboratoire avec Henri Plagne, qui remplit auprès de moi un emploi modeste depuis onze ans ; dirigé et instruit par moi et par mon habile assistant, M. le docteur Nicloux, il est devenu un véritable préparateur du matériel, qui travaille tous les jours, du matin au soir ; il prépare tous les gaz combustibles dont j'ai besoin, fait le vide avec les pompes à mercure dans plusieurs récipients pour l'extraction des gaz du sang, découvre les artères chez les animaux, il est en même temps mécanicien, électricien, conservateur des instruments du laboratoire.

A l'exemple de mon illustre Maître Claude Bernard, qui m'a toujours laissé un temps suffisant pour mes recherches personnelles, il m'est possible, pendant le semestre d'hiver, de donner à mon assistant, M. le docteur Nicloux, professeur agrégé à la Faculté de Médecine, et à M. le docteur Pachon, maître de conférences de mon laboratoire de l'Ecole des Hautes Etudes, une liberté relative qui leur permet de continuer des recherches qui ont été récompensées déjà par plusieurs prix de l'Académie des Sciences, de l'Académie de Médecine et de la Société de Biologie.

Sur le dosage exact du formène et de l'oxyde de carbone dans les mines de houille par des procédés simplifiés.

C'est le titre d'une lecture que j'ai faite dans la séance du 27 octobre 1908, à l'Académie de Médecine, et dont je dois communiquer ici plusieurs extraits :

« J'ai fait préparer des mélanges de formène pur et d'air depuis 1 p. 400 jusqu'à 20 p. 100 dans une cloche graduée de 100 centimètres cubes ou de 50 centimètres cubes maintenue par l'excellent support à cupule que j'ai décrit plus haut.

« Au moment où la détonation se produit dans certains de ces mélanges par une anse de platine portée au rouge blanc, jamais l'issue des gaz n'a lieu par le bord inférieur de la cloche fermée par un bouchon plein de caoutchouc.

« Dans chaque mélange, *je fais passer pendant cinq minutes le courant continu* (sans intermittences), l'anse de platine se trouvant à la partie inférieure du volume occupé par le gaz. Quand le mélange est détonant, un seul passage du courant peut suffire pour obtenir une combustion complète, mais il y a des cas où la combustion est incomplète.

« Depuis un mélange de formène et d'air à 1/400 jusqu'à 9/100, mon procédé de dosage du formène dans une cloche après cinq minutes de passage du courant dans le fil de platine porté au rouge blanc est parfaitement exact; mais à partir de 10 p. 100, l'oxygène contenu dans l'air est insuffisant pour brûler complètement le formène, les analyses deviennent inexactes et des erreurs énormes seraient commises si l'on opérait sur des mélanges plus riches encore en gaz combustible. (Il faut se rappeler qu'un centimètre cube de formène exige pour brûler 2 centimètres cubes d'oxygène et produit 1 centimètre cube d'acide carbonique ; il en résulte que la réduction totale doit être divisée par trois). *(Agenda du chimiste: Caractères eudiométriques indiqués par Marcellin Berthelot.)*

TABLEAU DE RÉSULTATS

Mélanges artificiels de formène et d'air	Réduction totale après absorption de l'acide carbonique	Formène contenu dans 100cc	Formène retrouvé	OBSERVATIONS
1/400	0cc 8	0cc 25	0cc26	
1/200	1 5	0 5	0 5	
1/100	3	1	1	
2/100	6	2	2	
3/100	9	3	3	
4/100	12	4	4	
5/100	15	5	5	pas de flamme
6/100	18	6	6	flamme
7/100	21	7	7	id.
8/100	24	8	8	flamme sans bruit
9/100	27	9	9	id.
10/100	27	10	9	id.
11/100	22 5	11	7	id.
12/100	18 5	12	6	id.
13/100	16	13	5	id.
14/100	7	14	2	pas de flamme
15/100	7	15	2	id.

Que faut-il faire pour obtenir un dosage exact dans tous

les cas qui peuvent se présenter dans les houillères, quand, par exemple, on a recueilli les gaz se dégageant d'un soufflard ?

On prend une cloche de 50 centimètres cubes, et non pas une cloche de 100cc qui pourrait être brisée par une explosion violente, et on mesure dans cette cloche 8 centimètres cubes de formène, 16cc d'oxygène et 26cc d'air dont la somme est égale à 50cc (mélange à 16/100); la cloche graduée étant parfaitement fixée dans un bocal plein d'eau recouvert d'une glace épaisse, un seul passage du courant électrique produit une flamme homogène et une forte détonation; la réduction totale est égale à 24, dont le tiers est 8, résultat excellent.

J'opère exactement de la même manière pour d'autres mélanges et j'obtiens les résultats suivants :

Mélanges	Formène employé additionné d'un volume double d'oxygène	Formène retrouvé	OBSERVATIONS
16/100	16cc	16cc	forte détonation
17/100	17	17	id.
18/100	18	18 4	id.
19/100	19	19 2	id.
20/100	20	21	id.

Dans la pratique, dans les mines de charbon, je conseille l'emploi de ma nouvelle technique très simplifiée qui rendra, je l'espère, les plus grands services dans la lutte engagée contre le grisou et qui permettra d'éviter, dans la mesure du possible, des catastrophes toujours menaçantes en France et à l'Etranger.

J'ai été assez heureux pour trouver un nouveau procédé permettant de contrôler mes analyses eudiométriques ou grisoumétriques. Ce procédé est basé sur une importante

découverte qui est due à M. Coquillon et qu'il a fait connaître, il y a trente ans, à l'Académie des Sciences dans une
note intitulée ; *Action de l'eau sur les hydrocarbures portés au
rouge. Comptes-rendus 1878*, tome LXXXVI, p. 1197.

Coquillon a reconnu que le formène traité dans une
cloche sur l'eau par un fil de palladium au rouge vif par
un courant électrique *quadruple de volume*. En présence de
la vapeur d'eau, le formène se décompose : le carbone s'unit
à l'oxygène de l'eau pour donner de l'oxyde de carbone,
l'hydrogène devient libre. La réaction est représentée par la
formule : $CH^4 + H^2O = CO + H^6$. Deux volumes de formène
donnent deux volumes d'oxyde de carbone et six volumes
d'hydrogène. J'ai répété cette expérience un grand nombre
de fois ; elle doit, je l'espère, devenir classique dans les
cours de l'enseignement supérieur, de l'enseignement secon-
daire et de l'enseignement primaire supérieur. Je l'ai repro-
duite encore hier dans mon laboratoire et voici le dispositif
que j'ai employé :

« J'introduis dans une cloche de 100^{cc} pleine d'eau 20^{cc} de
formène pur et, à l'aide d'un inflammateur à coulisses, je
fais arriver l'anse de platine au milieu du gaz, en ayant
soin de laisser immergées dans l'eau les parties inférieures du
fil métallique sur une longueur d'un centimètre environ ; je
fais passer pendant dix minutes le courant de ma dynamo
et de mes accumulateurs : le fil rougit à blanc et les parties
inférieures du fil, fixées par des serre-goupilles, s'échauffent
un peu et vaporisent l'eau à la surface du ménisque ; au
bout de dix minutes de courant continu, le gaz a tellement
augmenté de volume qu'il occupe 79^{cc} ; divisons 79 par 20,
nous obtenons 3,95, tout près de 4 : *le volume a quadruplé.* »
(Bulletin de l'Académie de Médecine.)

Nous possédons donc, par la découverte de Coquillon,
un nouveau moyen de dosage du formène pur ou mélangé
avec un gaz mixte, comme l'azote ou l'hydrogène, qui pourra
rendre certainement de grands services dans la pratique.

Quant à la question de l'oxyde de carbone, elle est si importante que je la traiterai complètement dans un chapitre spécial de mon rapport.

Exemples d'analyses de l'air puisé dans les galeries des houillères.

1º A Liége, dans l'un des laboratoires de l'Institut de Physiologie, en présence de mon collègue, M. le professeur Fredericq, directeur, de ses assistants et de son ingénieur-électricien, j'ai réalisé les analyses suivantes :

Dans une cloche cylindrique de 50cc pleine d'eau, j'ai introduit 7cc de formène pur qui avait été préparé par le docteur Nicloux, 14cc d'oxygène et de l'air pour compléter 50cc qui ont été mésurés dans une éprouvette à pied à tubulure inférieure traversée par un courant d'eau avec écoulement supérieur dans une cuve ; on fixe la cloche à l'aide du support à cupule et, à l'aide d'un levier de Du Bois-Reymond, on fait passer 200 fois un courant d'accumulateurs qui porte une anse de platine au rouge blanc ; après l'absorption de l'acide carbonique, on trouve une réduction de volume égale à 21cc, dont le tiers est égal à 7 : le formène est rigoureusement pur.

Dans une cloche de 100cc, j'introduis 99cc d'air et 1cc de formène, je fais passer 400 fois le courant dans ce mélange, après absorption de l'acide carbonique, j'obtiens une réduction de 3cc, dont le tiers est égal à 1 : on retrouve 1/100 de formène.

Enfin, un échantillon d'air pris par le docteur Staassen dans une galerie d'un charbonnage voisin de Liége, le matin, après la cessation du travail pendant la nuit et après maintien de la ventilation, a donné environ 1/500 d'acide carbonique et une faible réduction correspondant à 1/500 de formène ou grisou : proportion négligeable.

2º A Mons, pourvu de tous mes appareils eudiométriques, dont j'ai fait la démonstration dans les laboratoires admirablement installés de l'Ecole supérieure des Mines, où j'ai pu travailler grâce à M. Stassart, ingénieur principal des Mines, et à M. Mirlande, ingénieur, tous deux professeurs de cette Ecole célèbre, il est arrivé, pendant mon séjour dans cette ville, un accident qui démontre une fois de plus la gravité des accidents produits par le grisou : dans un charbonnage, eut lieu un dégagement si important de grisou que trois ouvriers qui étaient occupés à l'extraction du charbon ont été frappés de mort par un véritable volcan de grisou ; la quantité de formène qui s'est mélangée avec l'air de la galerie a été si considérable que la proportion d'oxygène a diminué au-dessous de la limite qui permet encore la respiration, exactement comme dans la catastrophe du sous-marin *Farfadet*, et il a été impossible de venir en aide aux victimes. Ne serait-il pas possible, dans des houillères aussi grisouteuses, d'augmenter le nombre des puits d'aérage, comme on a fait tout récemment avec succès dans les galeries souterraines de notre Métropolitain de Paris en établissant dans la voûte de larges ouvertures pour l'aération.

Ne pourrait-on pas aussi augmenter beaucoup le volume de mètres cubes d'air servant à la ventilation ?

3º Grâce à l'obligeance du Professeur Calmette, de Lille, dont nous avons admiré le magnifique Institut Pasteur, j'ai vu pour la première fois l'appareil digestif d'un chien qui appartenait à une meute du Poitou dressée à la chasse au cerf ; la muqueuse duodénale était couverte d'ankylostomes d'une espèce peu différente de celle de l'homme.

Avec ce savant éminent, le Docteur Calmette, j'ai fait la connaissance de M. l'Ingénieur François, directeur général de la Compagnie d'Anzin, qui a bien voulu m'envoyer cinq échantillons d'air puisé dans une des galeries de sa vaste exploitation qui couvre une superficie de 28,000 hectares.

Flacon 1. — Dans une cloche divisée de 100^{cc}, j'introduis par transvasement sur la cuve à eau, à l'aide d'un entonnoir à gaz, 86^{cc}5 d'air puisé dans une galerie de mine, avec un petit soufflet d'appartement.

La potasse agitée avec l'air ne donne aucune réduction, il n'y a donc point d'acide carbonique.

J'introduis à la partie inférieure de la cloche l'inflammateur à anse de platine qui est maintenu au rouge blanc pendant cinq minutes, et je lis dans l'eau constamment renouvelée de ma grande éprouvette à déversement 84^{cc}5, je fais passer de nouveau le courant pendant deux minutes, le chiffre 84,5 reste constant, donc la combustion du formène par l'oxygène de l'air a été complète en cinq minutes.

La réduction 86^{cc}5 — 84^{cc}5 est égale à 2, elle correspond à $\frac{2}{3} = 0^{cc}666$ de formène qui était contenu dans 86^{cc}5 d'air ; la proportion $\frac{86,5}{0,666} = \frac{100}{x}$ nous donne 0^{cc}77 p. 100 de formène, moins de 1 p. 100.

Voici le tableau des résultats obtenus pour les cinq flacons que j'ai reçus :

	Acide carbonique	Oxygène	Formène Proportions
Flacon 1	0	20,6	0,77 p. 100 ou 1/130
Flacon 2	0		0,56 p. 100 ou 1/178
Flacon 3	0		0,765 p. 100 ou 1/130
Flacon 4	0		0,4 p. 100 ou 1/250
Flacon 5	0	20,9	0,39 p. 100 ou 1/256

Quels heureux résultats ! M. le directeur François m'a déclaré qu'il ne tolérait pas dans les galeries de mines une proportion de formène ou grisou supérieure à 1 p. 100, et mes analyses directes, qui sont d'accord avec celles que deux ingénieurs chimistes attachés à son laboratoire font constamment par une méthode différente, par la limite d'inflammabilité, prouvent que cette proportion n'est pas atteinte puisque je trouve que la quantité de formène est comprise entre 1/130 et 1/256.

Aussi les explosions de grisou sont-elles rares à Anzin, à cause de l'activité extrême de la ventilation : de puissantes machines envoient 50 mètres cubes et même plus d'air à la seconde dans les galeries et le formène est dilue dans cet énorme volume d'air pur.

J'ajouterai que j'ai visité à Anzin, avec M. le directeur François et avec le Professeur Calmette, un laboratoire spécial dirigé par M. le docteur Lambert, élève de l'Institut Pasteur, de Lille, qui s'occupe exclusivement de la recherche des œufs d'ankylostome et du traitement de la maladie qui devient à Anzin comme à Liége de plus en plus rare.

J'aurais pu donner beaucoup plus de développement à l'étude du grisou, mais je crois avoir rempli suffisamment ma tâche de physiologiste et d'hygiéniste, et je suis décidé à faire dans mes cours et dans mes conférences, avec l'aide de mon laborieux personnel, la démonstration complète des procédés aussi simples qu'exacts que j'emploie dans cette sorte de croisade que j'ai entreprise dans l'intérêt des ingénieurs et des ouvriers des houillères.

Ce matin, 17 février 1909, je lis encore dans le *Petit Journal :*

TERRIBLE EXPLOSION DANS UNE MINE
200 mineurs ensevelis

Londres, 16 février.

Une terrible explosion s'est produite aujourd'hui dans les Charbonnages de West Stanley, près de Durham. Environ 200 mineurs qui travaillaient au moment de la catastrophe sont ensevelis.

L'explosion a causé à l'entrée du puits des dégâts assez importants pour entraver sérieusement l'œuvre de sauvetage.

On craint qu'il n'y ait de nombreux morts.

Hâtons-nous donc, dans tous les pays, à l'Etranger comme en France, d'établir des laboratoires pour la recherche et le dosage du grisou par mes procédés, afin de lutter avec succès contre un ennemi aussi redoutable.

Exercices pratiques.

Je ne puis trop conseiller aux jeunes expérimentateurs de s'exercer à l'analyse eudiométrique, avant de doser les gaz combustibles dans les houillères, les tunnels, les chambres de chauffe des navires, les appartements, etc., et voici des exemples qui démontrent encore une fois de plus l'extrême exactitude de mes procédés.

L'hydrogène de l'appareil de Kipp est-il pur ? Ce gaz, préparé avec du zinc pur, de l'acide chlorhydrique pur et de l'eau distillée, est toujours sous pression positive et il ne peut se mélanger avec l'air.

Voici une expérience du 17 avril 1909 : dans une cloche de 50^{cc} pleine d'eau, j'introduis :

Hydrogène	10^{cc}
Oxygène	10^{cc}
Air	30^{cc}
Agitation des gaz	50^{cc}

Un seul passage du courant produit une faible détonation; on lit dans la cloche immergée d'abord dans l'éprouvette à courant d'eau $35^{cc}2$; la réduction est égale à $14^{cc}8$, le tiers $4^{cc}9333$ représente l'oxygène, les deux tiers $9^{cc}8666$ représentent l'hydrogène ; il semble donc que l'hydrogène ne soit pas pur ; c'est alors que je fais passer dans le résidu $35^{cc}2$ 200 fois le courant par intermittences, j'obtiens un résidu un peu moindre 35^{cc} au lieu de $35^{cc}2$: la réduction est égale à $0^{cc}2$, dont le tiers est $0^{cc}0666$ oxygène et le double, ou $0^{cc}1333$, est de l'hydrogène ; la somme $9^{cc}8666 + 0^{cc}1333$

égale 9cc9999 ; l'hydrogène est donc absolument pur et peut-être employé soit à l'analyse de l'air, soit à l'analyse des gaz extraits du sang pour doser l'oxygène, soit à la mesure du volume d'air contenu dans les poumons, par mon procédé que j'ai fait connaître en 1860 *(Comptes rendus de l'Académie des Sciences,* tome LI, page 21). Cette mesure faite avec un eudiomètre, qui est mon premier travail de physiologie, peut rendre de grands services dans la pratique médicale, comme l'ont démontré mes élèves, M. le docteur Oriou et M. le docteur Charlier.

L'électrolyse de l'eau acidulée par l'acide sulfurique pur à l'aide de vases poreux remplis de liquide acide immergé dans un bocal rempli du même liquide, l'un recevant un fil de platine donnant de l'oxygène ozonisé, l'autre vase poreux un fil de platine donnant de l'hydrogène, permet de recueillir par des tubes abducteurs les gaz séparés : l'hydrogène soumis à la même analyse que dans l'expérience précédente a donné exactement le même résultat : 9cc9999 hydrogène au lieu de 10cc, chiffres identiques.

Nouvelle invention du Professeur N. Gréhant.

Pour simplifier et augmenter beaucoup le nombre des analyses que l'on doit faire dans les galeries des houillères, j'ai inventé récemment un appareil que j'ai fait construire par M. Leune et qui permet de faire à la fois, avec un même courant continu, cinq analyses de gaz, après avoir réglé l'intensité du courant par une bobine de résistance.

L'expérience a démontré que si l'on emploie cinq tubes gradués contenant des échantillons de gaz, les anses de platine portées au rouge blanc déterminent souvent la rupture des cloches, aussi je fais les mesures des volumes de gaz avant et après le passage du courant dans les tubes gradués et je les transvase dans des tubes à essai de dimensions telles qu'ils peuvent contenir de 100^{cc} à 103^{cc} de gaz ; ces tubes sont fixés sur les inflammateurs par cinq cupules que le mécanicien a disposées sur une barre de cuivre horizontale glissant sur deux tiges de cuivre à section carrée, barre que l'on maintient avec des vis.

Tout l'appareil est immergé dans une cuve à eau et recouvert d'une planche chargée de poids, afin que l'explosion d'un tube ne puisse pas blesser l'opérateur.

L'avenir montrera, je l'espère, l'utilité de ce dispositif que je compte employer dans un grand nombre de recherches comparatives.

J'ai encore d'autres questions importantes à traiter : celles de l'oxyde de carbone, de l'hydrogène, des poussières de charbon dans les mines, etc., je publierai successivement une série de chapitres, mais en terminant ceux-ci sur l'ankylostomiase et le grisou, je saisis l'occasion qui m'est offerte de rendre des hommages respectueux à quatre grands Maîtres de la Physiologie expérimentale, pour lesquels je conserve la plus haute estime et la plus vive reconnaissance, car ils m'ont donné des marques évidentes de l'intérêt qu'ils ont pris à mes recherches ; je veux parler de Claude Bernard, de Louis Pasteur, de Longet et de Carl Ludwig.

Je me suis donné la peine de copier, dans la grande salle de travail de la Bibliothèque Nationale, un éloge admirable de Claude Bernard par Pasteur, que j'avais lu autrefois avec une vive émotion, et j'ai reçu, en outre, de mon savant collègue et ami, M. le Professeur Héger, une notice fort instructive sur Carl Ludwig, qui a formé un si grand nombre de physiologistes en Angleterre, en Allemagne, en Autriche, en Russie, en Italie, en Belgique, en Hollande, en Suisse (je citerai le Professeur Kronecker, dont on vient de célébrer à Berne le glorieux jubilé), en France, car mon cher collègue, le Professeur Raphaël Lépine, de Lyon, a travaillé aussi dans le laboratoire de Leipzig.

Nous sommes tous des élèves de Lavoisier, de Claude Bernard, de Pasteur, de Longet et de Ludwig.

La publication de ces éloges si mérités me paraît nécessaire, elle est bien propre à développer chez les étudiants l'amour de la science expérimentale et, en particulier, l'amour de la Physiologie, essentiellement progressive et conquérante à notre époque.

CHAPITRE III

L'OXYDE DE CARBONE

POISON DE L'HÉMOGLOBINE

Voici une question de toxicologie très importante et qui est toujours d'actualité, car les accidents mortels produits par l'oxyde de carbone sont très fréquents et nous devons lutter énergiquement pour les prévenir et pour éviter une terminaison fatale. Je ne puis pas faire ici l'historique complet de cette question, mais c'est un devoir pour moi de rendre hommage à Félix Leblanc, élève de l'illustre Jean-Baptiste Dumas, qui a démontré le premier que, parmi les produits de la combustion du charbon, c'est l'oxyde de carbone qui est toxique, et à mon éminent Maître Claude Bernard, qui a découvert le mécanisme de l'empoisonnement, en reconnaissant que si l'on agite un certain volume de sang oxygéné, sang artériel, avec un volume mesuré d'oxyde de carbone, ce dernier gaz déplace l'oxygène et se combine avec l'hémoglobine ou matière colorante rouge des hématies; la substitution se fait volume à volume.

C'est un fait capital dont j'ai toujours reconnu l'exactitude: lorsqu'on fait respirer à un animal, à un lapin par exemple, de l'air renfermant un centième d'oxyde de carbone, on trouve, au moment où la respiration s'arrête, beaucoup moins d'oxygène dans le sang artériel pris dans l'artère carotide qu'à l'état normal ; l'oxyde de carbone est fixé par l'hémoglobine.

J'ai tant travaillé cette question de la toxicité de l'oxyde de carbone que j'ai publié les résultats que j'ai obtenus dans cinq livres qui ont paru successivement :

1º *Les Poisons de l'air (1890)*, (J.-B. Baillière) ;
2º *Les Gaz du sang (1894)*   } Encyclopédie scientifique
3º *L'Oxyde de carbone (1903)* } de M. Léauté, membre de
         l'Institut (Masson, Gauthier-Villars, éditeurs;
4º *La Santé par l'hygiène* (Delagrave, éditeur) ;
5º *Titres et Travaux scientifiques du Dr Nestor Gréhant (1905)*,
         (Félix Alcan, éditeur).

Enfin, j'ai fait une conférence, le dimanche 8 mars 1908, dans le grand amphithéâtre du Muséum National d'Histoire Naturelle, intitulée : *La lutte contre le grisou et l'oxyde de carbone dans les mines de houille,* qui a été publiée dans le Bulletin de juin 1908 de la Société d'Encouragement pour l'Industrie nationale ; il me paraît nécessaire de donner dans ce rapport un extrait de ce mémoire qui est très important au point de vue pratique.

Expérience du Professeur N. Gréhant

Empoisonnement par l'oxyde de carbone, suivi de l'élimination du poison gazeux dans l'oxygène.

1º Je prépare 200 litres d'un mélange renfermant 198 litres d'air et 2 litres d'oxyde de carbone pur, à l'aide d'un gazomètre de laiton à rainure (système du regretté docteur De Saint-Martin) ; ce mélange est injecté dans un grand sac de caoutchouc entoilé dont le volume total peut être égal à 300 litres.

Chez un animal carnassier, on découvre une artère carotide et on aspire un échantillon de sang à l'aide d'une seringue de physiologie; selon le vœu de Claude Bernard, qui me demandait d'extraire exactement les gaz de 10 centimètres cubes de sang, vœu qui est depuis longtemps réalisé dans mon laboratoire, on aspire seulement 10 centimètres cubes de sang qui est injecté dans un ballon vide immergé dans un bain-marie à 40°; le gaz obtenu par les manœuvres de la pompe à mercure est analysé sur le mercure, l'acide carbonique est absorbé par la potasse, on porte la cloche graduée sur l'eau et on mesure le volume restant qui contient de l'azote et de l'oxygène, on ajoute un volume triple d'hydrogène, l'inflammateur à anse de platine est introduit dans ce mélange rendu homogène par l'agitation, la cloche eudiométrique est fixée par mon support à cupule dans un bocal rempli d'eau fermé par une planche et un poids de 10 kilos; un seul passage du courant produit une forte détonation, et le tiers de la réduction fait connaitre exactement le volume d'oxygène qui a été fourni par le sang; j'ai complètement abandonné le procédé d'absorption de l'oxygène par le pyrogallate de potasse qui salit la cuve à mercure et les mains.

2° Je fais respirer, à l'aide d'une muselière de caoutchouc et de soupapes hydrauliques, le mélange à 1 pour 100 d'oxyde de carbone, on note le temps et on observe l'animal; après une période d'agitation, on cesse de faire respirer le mélange toxique au bout de 16 minutes: entre la 15e et la 16e minute, on aspire un second échantillon de sang dont le volume est égal cette fois à 20 centimètres cubes qui est traité comme le premier à 40°; ce sang renferme beaucoup moins d'oxygène comme le montre l'analyse eudiométrique, mais il contient une forte proportion d'oxyde de carbone que l'on obtient en ajoutant au sang privé d'oxygène par la pompe un volume égal d'acide phosphorique trihydraté (ne coagulant pas l'albumine) qui décompose à 100° la combinaison de l'hémoglobine avec l'oxyde de carbone.

Aussitôt que le sang a été pris dans le vaisseau, on fait

respirer à l'animal (chien) de l'oxygène pur remplissant un sac de caoutchouc de 300 litres, et après une heure et deux heures de respiration on prend encore un troisième et un quatrième échantillon de sang.

Les résultats de l'analyse des gaz ramenés secs à 0° et à la pression de 760^{mm}, calculés pour 100 centimètres cubes de sang sont représentés par les lignes brisées que j'ai construites; sur la ligne des abscisses X Y, j'ai pris des longueurs indiquant le temps en minutes, seize minutes, une heure et deux heures après l'empoisonnement, le carnassier respirant de l'oxygène.

Sur les ordonnées perpendiculaires à la ligne des abscisses, chaque centimètre cube de gaz oxygène ou oxyde de carbone occupe une longueur égale à 4 millimètres.

L'examen de ces graphiques est très instructif; il montre qu'avant l'empoisonnement 100 centimètres cubes de sang artériel renfermaient $23^{cm3}2$ d'oxygène; aussitôt que l'animal respire le mélange d'air et d'un centième d'oxyde de carbone la proportion de l'oxygène baisse immédiatement dans le sang et au bout de 16 minutes, elle tombe à $4^{cm3}5$ (d'autres expériences ont démontré que l'aminal meurt en vingt minutes dans un pareil mélange). En même temps, l'oxyde de carbone est absorbé par le sang avec une grande rapidité et on trouve au bout de 16 minutes $19^{cm3}1$ de ce gaz dans 100 centimètres cubes de sang.

Dès que l'on fait respirer de l'oxygène pur, à la fin de l'empoisonnement partiel, le tracé montre que l'oxygène augmente dans le sang et au bout d'une heure il atteint $23^{cm3}9$ dans 100 centimètres cubes de sang tandis que l'oxyde de carbone éliminé en nature descend à $2^{cm3}6$ dans 100^{cm3} de sang.

Pendant la seconde heure de respiration de l'oxygène, le volume de ce gaz s'élève jusqu'à 27^{cm3}, chiffre qui mesure exactement *la capacité respiratoire du sang, si bien définie par Paul Bert.*

L'échantillon de sang pris à la fin des deux heures ne renferme plus trace d'oxyde de carbone ; le poison a été complètement éliminé.

Cette expérience démontre que, dans tous les cas d'empoisonnement par la vapeur de charbon ou par l'oxyde de carbone, le meilleur traitement consiste à faire respirer à l'homme des centaines de litres d'oxygène ; il est donc nécessaire de pourvoir dans les villes les pharmacies et les postes de secours de récipients à oxygène comprimé que nous utilisons maintenant très souvent dans notre laboratoire ; il est utile que chaque récipient porte un petit manomètre de Bourdon indiquant constamment la pression de l'oxygène qu'il renferme, pour que l'air vital soit toujours à notre disposition.

A défaut d'oxygène, on doit sans hésiter pratiquer les tractions rythmées de la langue par le procédé de mon regretté collègue et ami le docteur Laborde, qui a publié un livre spécial renfermant un grand nombre d'observations très intéressantes : dans un cas d'empoisonnement par le gaz d'éclairage, qui eut lieu chez un ouvrier chargé de gonfler un ballon au Jardin d'Acclimatation, ce n'est qu'au bout d'une heure de tractions que les mouvements respiratoires revinrent spontanément ; chez un noyé, le procédé des tractions rythmées de la langue à l'aide d'une pince spéciale n'a réussi qu'au bout de trois heures.

Dose toxique de l'oxyde de carbone mélangé avec l'air, chez l'homme (Expérience du Professeur Ugolino Mosso).

Mon savant collègue, M. le professeur Angelo Mosso, directeur de l'Institut de Physiologie de Turin, a publié en 1900 un livre de 322 pages intitulé : *La Respirazione nelle gallerie e l'azione dell' ossido di carbonio (La Respiration dans les galeries ou tunnels et l'action de l'oxyde de carbone),* ouvrage qu'il a eu l'obligeance de m'envoyer et qui renferme un grand nombre de travaux et de résultats intéressants ; je ne puis mieux faire que d'offrir ce livre à la Bibliothèque du Muséum d'Histoire Naturelle, où les lecteurs connaissant l'italien pourront le consulter. Je me bornerai ici à citer une expérience du professeur Ugolini Mosso qui fixe d'une manière définitive la dose toxique pour l'homme de l'oxyde de carbone dans l'air, expérience qui ne sera plus répétée dans un laboratoire, mais qui, hélas, se renouvelle souvent, les accidents mortels produits chez l'homme par l'oxyde de carbone étant toujours fréquents, aussi bien dans les appartements chauffés par des appareils défectueux que dans les galeries des mines de charbon, lorsque la houille brûle ou lorsqu'il y a dégagement et combustion incomplète du grisou.

Angelo Mosso, ouvrage cité, page 228, *Expérience 13*, 28 mars 1900 :

« Théodore Scribante a pris un repas à midi ;

A 14^h 10^m (2 heures 10 minutes de l'après-midi), il inscrit à l'ergographe la première courbe de la fatigue (Voyez fig. 64, 1er tracé) ;

A 15^h 20^m, pouls 90, respirations 21 à la minute ;

A 15^h 25^m, pouls 84, respirations 20 à la minute ;

A 16^h 13^m, pouls 86, respirations 20 à la minute ;

A 16^h 15^m, il entre dans la chambre ou cabine ;

A 16^h 20^m, *début de l'empoisonnement*, l'oxyde de carbone provenant du même gazomètre que dans l'expérience précédente commence à arriver, le gaz passe lentement et Scribante agite l'air de la chambre ;

A 16^h 37^m, on coupe l'entrée du gaz dans la chambre, on y a fait passer en tout 26 litres d'oxyde de carbone, soit 0,43 % ou 1/233 ;

A 16^h 45^m, pouls 88, respirations 19 ;

A 16^h 50^m, le sujet paraît avoir des étourdissements ;

A 16^h 55^m, pouls 96, respirations 26 ; le sujet va à la fenêtre, compte son pouls sur ma montre et l'inscrit ensuite ;

A 17ʰ 3ᵐ, le sujet transporte sa chaise à la fenêtre, il a un tremblement marqué : la main tremble légèrement en tâtant le pouls, on compte 26 respirations à la minute ; j'attends que Scribante ait fini de compter, mais il ne se presse pas pour me donner le résultat ; Audenino, élève du laboratoire, me dit qu'il ne le voit plus respirer ; aussitôt je donne ordre à Corino, mécanicien, d'ouvrir la porte ;

A 17ʰ 5ᵐ, j'entre dans la chambre : Scribante est immobile, la tête soulevée, il est en position d'un cataleptique : les bras ne sont pas rigides, mais flasques, facilement flexibles, ils ne se contractent pas et ne tombent point ; je tire dehors Scribante avec l'aide du mécanicien et de l'étudiant Audenino, je le pose par terre sur le pavé, je vois qu'il ne respire plus, le pouls radial est imperceptible, je fais la respiration arti- ficielle, je soulève pour un instant le tronc pour que le sang arrive au cœur et en exerçant des pressions sur cet organe je le ranime ; le pouls reparaît filiforme ; mon frère et les aides font une active respiration artificielle par la méthode Pacini ; comme j'avais au laboratoire des tubes contenant de l'oxygène comprimé, j'en fais apporter un et je dirige sur la face de Scribante un jet très fort d'oxygène ;

A 17ʰ 7ᵐ, nous sommes assurés que le danger est passé ; les mouvements de la respiration, d'abord lents et superfi- ciels, deviennent plus fréquents et plus profonds ; Scribante a eu de fortes contractions musculaires, des tremblements et des secousses semblables à celles d'une attaque d'épilepsie ; comme mon frère Angelo Mosso l'appelle par son nom, il ouvre les yeux mais ne répond rien ; aussitôt qu'on cesse d'administrer de l'oxygène, la dépression revient ;

A 17ʰ 9ᵐ, la conscience revient ; interrogé, il ne peut dire ce qui s'est passé et ne se souvient de rien ; pouls 120 à la minute ;

A 17ʰ 12ᵐ, le sujet continue à respirer de l'oxygène ;

A 17ʰ 15ᵐ, il se lève et, s'asseyant à la table où se trouve l'ergographe, il est capable d'inscrire une autre courbe de fatigue; il accomplit un travail mécanique supérieur à celui qu'il a exécuté avant d'entrer dans la chambre de fer (Voyez fig. 65, 3ᵉ tracé); après avoir inscrit la courbe, il semble s'évanouir, on lui donne encore de l'oxygène et il s'en va ensuite, tout seul, pour se reposer dans une pièce isolée du laboratoire;

A 17ʰ 23ᵐ, pouls 120;

A 17ʰ 27ᵐ, pouls 110; le sujet dit que, quand on l'appelait par son nom, il entendait bien, mais ne pouvait pas répondre;

A 17ʰ 35ᵐ, pouls 120; le sujet a des frissons et se plaint d'avoir froid; on le couvre après lui donné un petit verre de cognac avec du sucre;

A 17ʰ 40ᵐ, pouls 110; respirations 22;

A 17ʰ 47ᵐ, température rectale 36º8;

A 17ʰ 52ᵐ, pouls 98, respirations 20; les frissons et le mal de tête ont cessé;

A 18ʰ10ᵐ, pouls 95, respirations 19, température rectale 37º;

A 18ʰ 15ᵐ, étant complètement rétabli, il inscrit une courbe de la fatigue (fig. 65, 4ᵉ tracé). »

(Traduction de M. Deniker, docteur ès sciences, bibliothécaire du Muséum National d'Histoire Naturelle.)

Cette expérience démontre donc qu'il suffit que 233 litres d'air renferment un litre d'oxyde de carbone pur pour que la respiration de l'homme s'arrête complètement au bout de 45 minutes. La durée de l'entrée de l'oxyde de carbone dans la chambre à expériences ayant été de 17 minutes, je dois faire remarquer que l'arrêt de la respiration aurait été obtenu plus vite si l'homme avait pu être introduit dans la chambre à expériences dans un mélange homogène renfermant 1/233 d'oxyde de carbone, ce que j'ai pu réaliser dans les expériences que j'ai faites sur divers animaux pour chercher s'ils se comportent de la même manière que l'homme; les expériences comparatives que Claude Bernard a tant de fois recommandées sont poursuivies toujours dans mon laboratoire et fournissent des résultats nouveaux et intéressants.

La technique de mes recherches comparatives a été simplifiée, elle est très exacte ; elle consiste : 1º dans la préparation d'un mélange titré d'air et d'oxyde de carbone pur obtenu par la décomposition du formiate de soude à l'aide de l'acide sulfurique ; 2º on fait d'abord l'analyse eudiométrique de l'oxyde de carbone après avoir absorbé une trace d'acide carbonique par la potasse ; 3º on fait le vide dans un ballon récipient à l'aide de la pompe à mercure pour extraire les gaz du sang après l'empoisonnement, en deux temps, à 40º, pour obtenir l'acide carbonique et l'oxygène restant, puis à 100º et après l'addition d'un volume d'acide phosphorique trihydraté égal au volume du sang ; l'expérience a démontré qu'il faut au moins une demi-heure d'ébullition pour obtenir la totalité de l'oxyde de carbone fixé par l'hémoglobine que l'acide convertit en hématine.

Empoisonnement d'un chien par un mélange d'air et d'oxyde de carbone à 1/233, qui serait mortel pour l'homme en 45 minutes. (Expérience du 22 avril 1909.)

Je fais composer un mélange de $1^l\,287^{cc}$ d'oxyde de carbone pur introduit avec de l'air dans le gazomètre et dans le sac de caoutchouc pour donner 300 litres de mélange à 1/233. Chez un chien robuste du poids de 16 kilos, je fais prendre dans l'artère carotide 54^{cc} de sang artériel qui est injecté avec la seringue dans l'ampoule de verre remplie d'oxyde de carbone pur ; l'entrée du sang dans ce récipient augmente la pression du gaz qu'on laisse échapper en ouvrant le robinet de la petite tubulure ; on agite à la machine le sang avec le gaz pendant une demi-heure et on verse le sang oxycarboné dans un verre à expérience, on aspire avec la seringue tarée le sang dont on détermine le poids, qui est de 40 grammes, et on extrait à l'aide de la pompe à mercure à 40° le gaz inclus à l'état de bulles très petites visibles au microscope, puis on extrait à 100°, après l'introduction de 40cc d'acide phosphorique trihydraté, l'oxyde de carbone qui s'est combiné avec l'hémoglobine ; on trouve par ce procédé, qui vaut mieux que le procédé par agitation du sang avec l'oxygène que 100 grammes de sang artériel du chien ont absorbé 23cc 4 d'oxyde de carbone sec à 0° et à la pression de 760mm ; c'est le plus grand volume d'oxygène ou d'oxyde de carbone que 100 grammes de sang peuvent absorber :

A 0 heure 0 minute, on commence à faire respirer à l'animal 300 litres du mélange à 1/233, l'animal s'agite ;

7m, calme ;

14m, vive agitation : le chien détache la muselière de caoutchouc de l'appareil à deux soupapes hydrauliques ; il y a une minute d'interruption dans la respiration du mélange titré ;

22m, vive agitation : émission très abondante d'urine, signe d'empoisonnement ;

32m, l'animal se plaint en aboyant ; on constate l'expulsion de déchets de nutrition qui étaient contenus dans le gros intestin ;

35m, la respiration est accélérée ;

47m, ralentissement de la respiration ;

50m, prise dans l'artère carotide de sang qui est injecté dans un flacon avec de l'air : défibrination du sang et absorption d'un certain volume d'oxygène par la portion d'hémoglobine qui ne s'est point combinée avec de l'oxyde de carbone ; on sépare par filtration sur un linge le caillot de fibrine et on obtient pour 100 grammes de sang, par les deux extractions de gaz, du sang à 40° et à 100° avec acide phosphorique :

5cc 18 oxygène,

18cc 12 oxyde de carbone,

gaz secs mesurés à 0° et à la pression de 760mm ;

La somme 23^{cc} 30 donne un chiffre identique à celui 23, qui a été obtenu précédemment.

Cette expérience démontre que le chien résiste plus longtemps que l'homme à l'action d'un mélange titré à 1/233; au bout de 50 minutes, le sang pouvait encore absorber 5^{cc} 18 d'oxygène, ce qui explique la survie de l'animal.

Il n'est pas douteux cependant que si l'on avait fait respirer à un chien le mélange à 1/233 pendant un temps plus long, on aurait observé l'arrêt de la respiration et de la circulation.

Essai d'empoisonnement d'un lapin par le même mélange d'oxyde de carbone et d'air (1/233).

Un lapin du poids de 2 kilos 600 grammes est introduit dans une cloche tubulée horizontale dont la base est fermée par une coiffe de caoutchouc fixée par une bande.

A 2 heures, on commence par faire circuler dans la cloche, dont le volume est égal à 10 litres environ, 300 litres de mélange d'air renfermant 1/233 d'oxyde de carbone, on fait passer d'abord rapidement ce gaz qui impressionne l'animal, car il parvient à se retourner dans la cloche : la tête, qui était d'abord voisine de la tubulure, est maintenant appliquée contre la coiffe de caoutchouc ;

2^{h} 9^{m}, le lapin urine, il est un peu affaissé ;

2^{h} 10^{m}, il secoue les oreilles ;

2^{h} 22^{m}, 66 litres de mélange ont traversé la cloche et les bulles de gaz ont barboté dans une ampoule de Cloëz ; on diminue la rapidité du passage avec une pince de Mohr ;

2^{h} 36^{m}, le lapin est couché sur le flanc ;

2^{h} 45^{m}, 72 inspirations et expirations par minute ;

La respiration continue, elle est encore active à 5 heures.

Donc, le rongeur a supporté pendant trois heures un mélange qui est toxique pour l'homme en 45 minutes.

Il existe donc de très grandes différences entre l'homme

et les animaux, et c'est là un fait d'une grande importance au point de vue philosophique. Les mammifères, les oiseaux, les reptiles, les batraciens et les poissons sont intoxiqués par des doses très différentes de divers poisons : l'oxyde de carbone, l'acide carbonique, l'urée, etc. Pour me rendre compte de l'état du sang après trois heures d'intoxication partielle par le mélange à 1/233, j'ai sacrifié l'animal par section des vaisseaux du cou; le sang reçu dans une capsule de porcelaine a été défibriné au contact de l'air, et j'ai trouvé dans 100^{cc} de sang 7^{cc}7 d'oxyde de carbone et 2^{cc}15 d'oxygène.

Le liquide nourricier renfermait donc $\frac{7,7}{2,15} = 3,6$, c'est-à-dire 3,6 fois plus d'oxyde de carbone que d'oxygène, et l'animal continuait encore à respirer.

J'aurais pu donner à ce chapitre de plus grands développements, mais les recherches que je poursuis sont encore loin d'être terminées, je les publierai successivement. En attendant, je conseille aux ingénieurs et aux chimistes d'employer le lapin pour la recherche de l'oxyde de carbone dans les houillères, car, pour des mélanges égaux ou inférieurs à un millième, je ne connais pas de meilleur procédé que l'emploi de l'hémoglobine qui est un excellent réactif absorbant de l'oxyde de carbone.

En terminant ces trois mémoires, qu'il me soit permis de remercier tous les expérimentateurs et les médecins qui m'ont fourni des documents importants et madame Gréhant qui, dans tous mes voyages scientifiques, à Clermont-Ferrand, à Lille, à Anzin, à Bruxelles, à Liége et à Mons, a pris une part active à tous mes travaux.

Je dois aussi adresser tous mes remerciements au savant

Directeur du Muséum National d'Histoire Naturelle, M. Edmond Perrier, Membre de l'Institut et de l'Académie de Médecine, qui dirige notre vieil établissement — fondé par Louis XIII — dans la voie du progrès, et qui s'est toujours montré pour moi si aimable et si bienveillant.

Je suis heureux de pouvoir offrir à notre bibliothèque, déjà si riche, pour nos amis du Muséum et pour nos lecteurs, quelques ouvrages d'illustres savants et une série de mes publications antérieures.

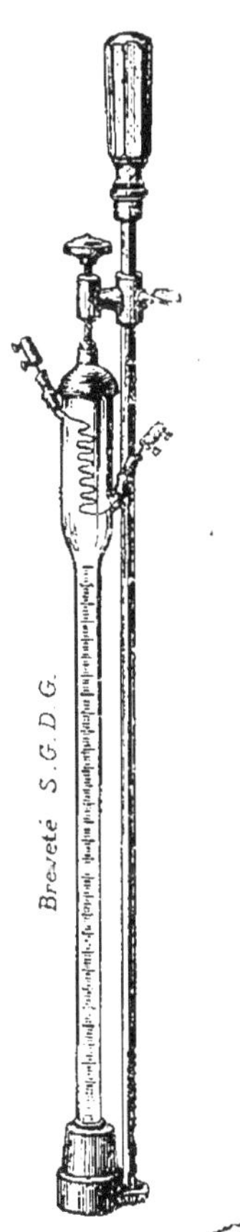

R.F. BIBLIOTH. NATIONALE

FIG. 6. — Eudiomètre-grisoumètre du Professeur Gréhant,
avec son support à cupule.

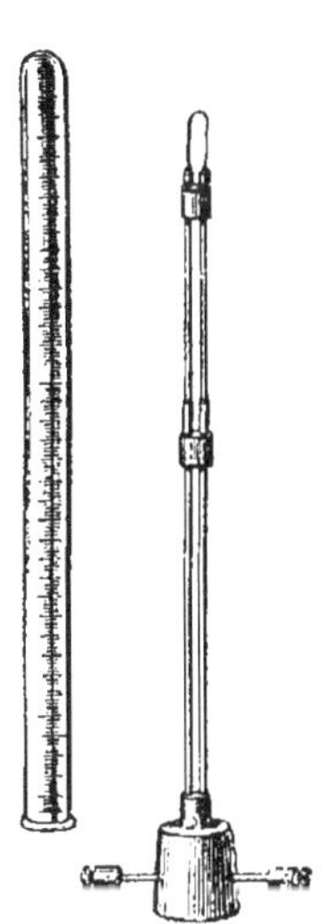

FIG. 7. — Inflammateur à tiges
parallèles à coulisses, avec anse
de platine.

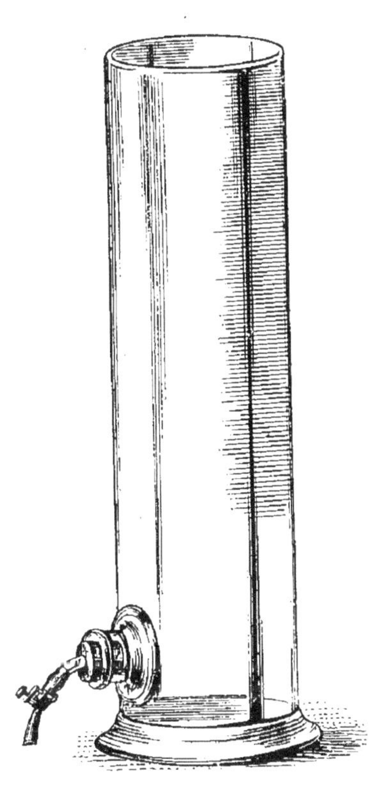

FIG. 8. — Eprouvette à pied, tubulée
en bas traversée par un courant d'eau
pour l'eudiomètre - grisoumètre.

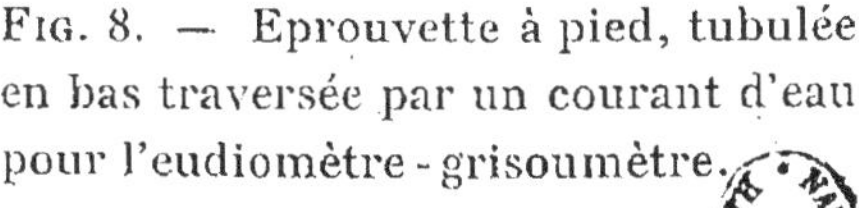

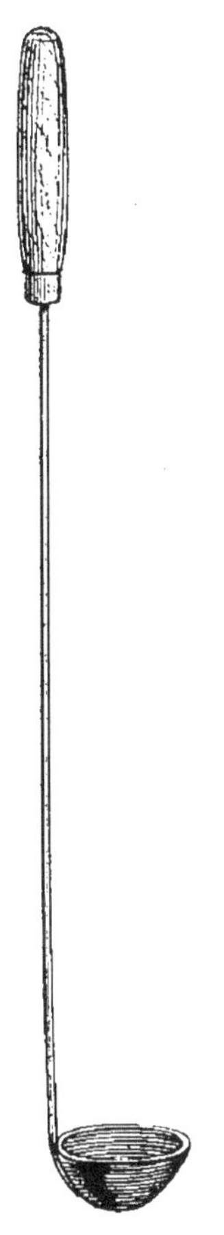

FIG. 9. — Cuiller en fer à
manche, pour le transport
des cloches contenant du
gaz et de l'eau.

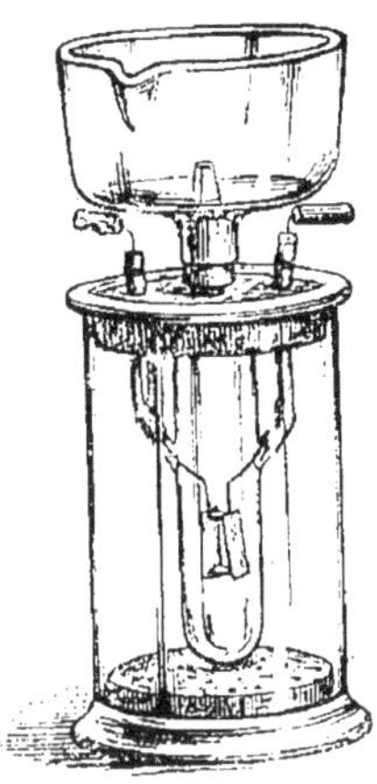

Fig. 10. — Appareil de Bunsen, modifié par N. Gréhant, pour la préparation du gaz de la pile.

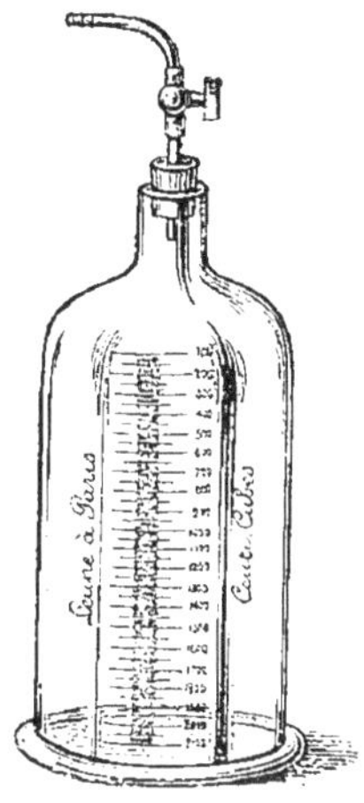

Fig. 11. — Cloche graduée avec robinet pour la préparation d'un mélange titré d'air et de gaz combustible.

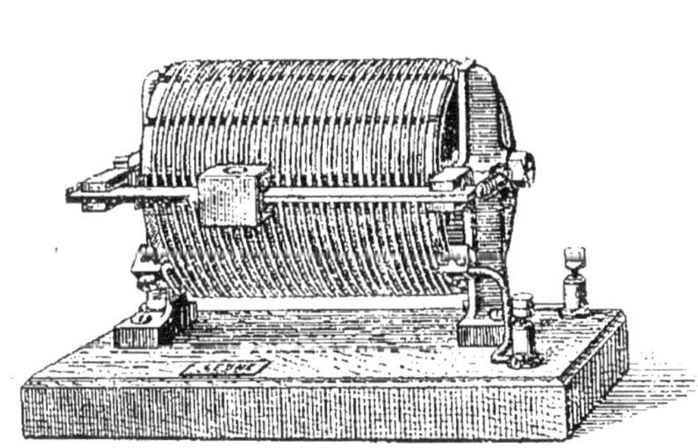

Fig. 12. — Bobine de résistance pour régler le passage du courant des accumulateurs afin qu'il ne fonde pas la spirale de platine de l'eudiomètre-grisoumètre.

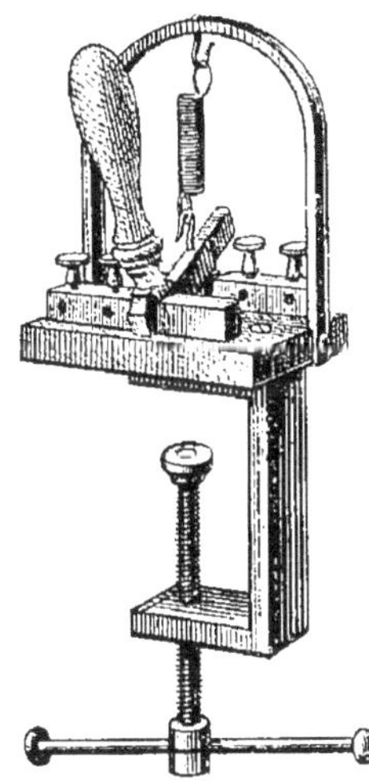

Fig. 13. — Clef de Du Bois-Reymond, pourvue d'un ressort, pour l'emploi de courants intermittents.

BIBLIOTH. NATIONALE R. F.

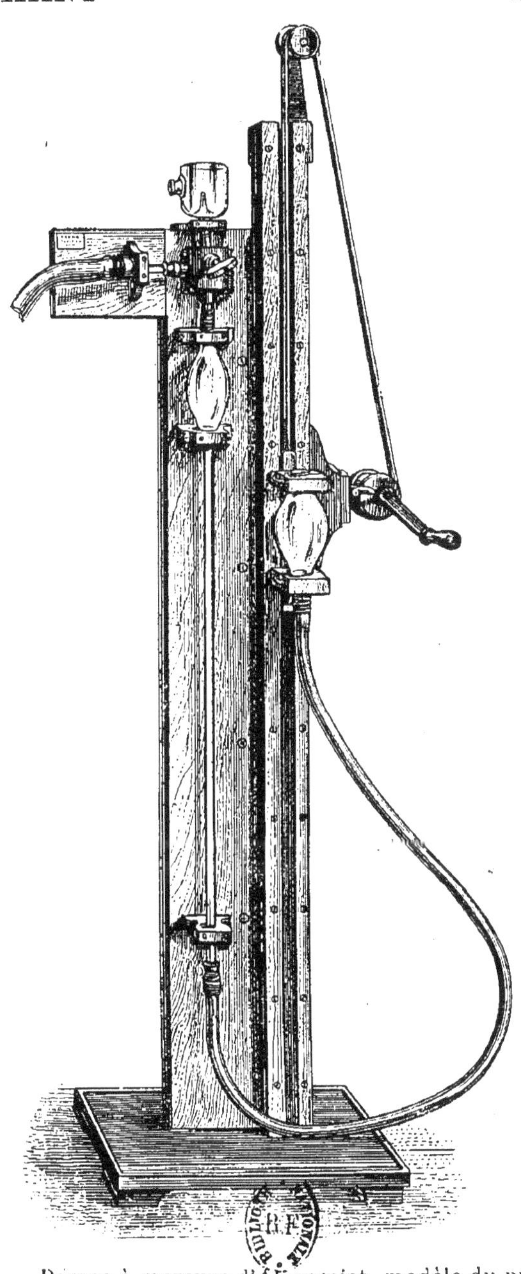

BIBLIOTHÈQUE

Fig. 14. — Pompe à mercure d'Alvergniat, modèle du professeur
N. Gréhant. Manchon métallique rempli d'eau autour du robinet.
Petite cuve à mercure tubulée à déversement.

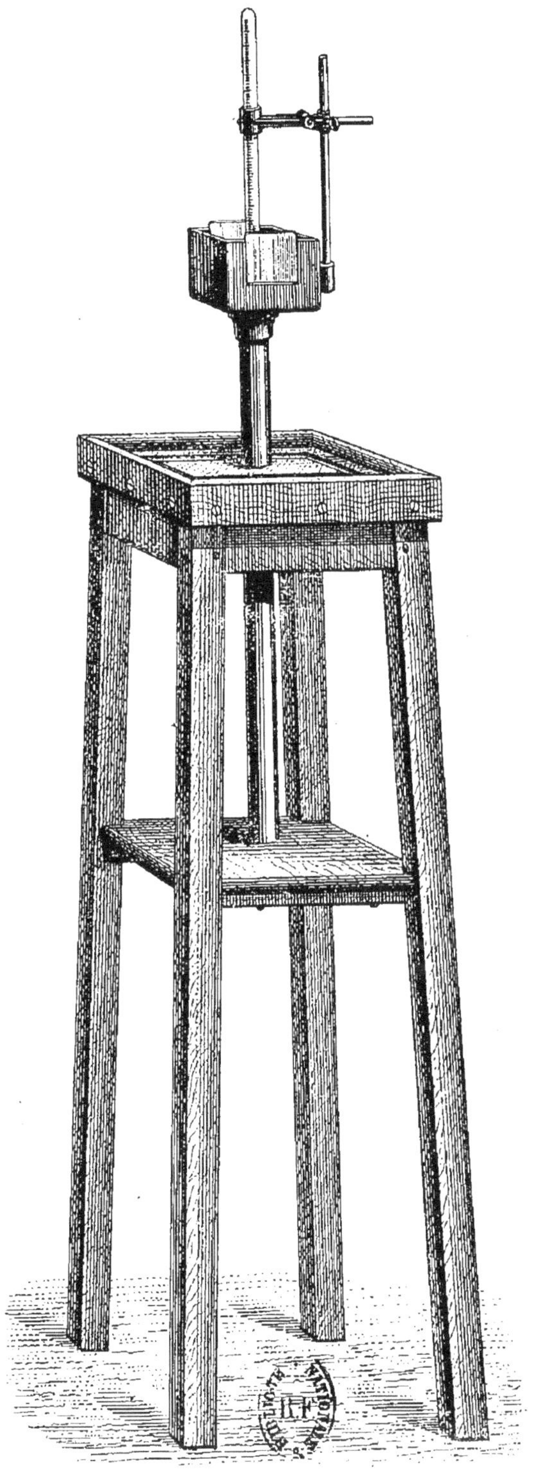

Fig. 15. — Cuve à mercure profonde, à glaces
parallèles, pour l'analyse des gaz.

TABLE DES MATIÈRES

IMPRIMERIE G. JACQUES, 14, RUE HAUTEFEUILLE, PARIS

LISTE D'OUVRAGES DONNÉS A LA BIBLIOTHÈQUE DU MUSÉUM

en mai 1909

PAR LE PROFESSEUR NESTOR GRÉHANT

1º CLAUDE BERNARD : *Rapport sur les progrès de la Physiologie générale en France.*

2º *Eloge de M. Claude Bernard,* par M. LOUIS PASTEUR, membre de l'Académie des Sciences. Copie faite par le Dʳ Gréhant sur le *Moniteur Universel,* journal officiel de l'Empire français (numéro du 7 novembre 1866).

3º *Notice sur Carl Ludwig,* par M. le Professeur Héger, directeur de l'Institut de Physiologie Solvay, de Bruxelles.

4º ANGELO MOSSO, directeur de l'Institut Physiologique de Turin : *La Respirazione nelle Gallerie e l'Azione dell' Ossido di carbonio,* 1 vol., 322 p.

5º Manuel IGNACIO BATTAGLIA : *Anquilostomiasis,* thèse en espagnol (Don du Professeur Kolbe).

6º Titres et travaux scientifiques du docteur N. GRÉHANT (Paris, Félix Alcan, éditeur, 1905).

7º Docteur GRÉHANT : *Les Poisons de l'air* (J.-B. Baillière, éditeur).

8º Docteur GRÉHANT : *Les Gaz du sang ;*

9º Docteur GRÉHANT : *L'Oxyde de carbone* (Encyclopédie scientifique des Aide-Mémoire de M. Léauté, membre de l'Institut (Masson, Gauthier-Villars, éditeurs).

10º Docteur GRÉHANT : *La Santé par l'hygiène* (Ch. Delagrave, éditeur).

11º *L'Air pur, l'air confiné, l'air vicié par la respiration et par la combustion* (Extrait du Bulletin de juin 1906 de la Société d'Encouragement pour l'Industrie nationale.

12º *La Lutte contre le grisou et contre l'oxyde de carbone dans les mines de houille* (Bulletin de juin 1908 de la même Société).

www.ingramcontent.com/pod-product-compliance
Ingram Content Group UK Ltd.
Pitfield, Milton Keynes, MK11 3LW, UK
UKHW020931120726
13693UKWH00003B/1258